品园

陈从周 著

江苏凤凰文艺出版社

說園（注一）

陳從周著

我國造園具有悠久的歷史，在世界園林中樹立着獨特風格。自來學者從各方面進行分析研究，考析高見。如今就我在接觸園林中所見聞撮拾到的，提出來談談。姑名「說園」。

園有靜觀、動觀之分，這一點我們在造園之先，首要考慮。何謂靜觀，就是園中予游者多駐足的觀賞點；動觀，就是要有較長的游覽線。二者說來，小園應以靜觀為主，動觀為輔。庭院專主靜觀。大園則以動觀為主，靜觀為輔。前者如蘇州網師園，後者則蘇州拙政園差可似之。人們進入網師園宜坐宜留之建築多，而拙政園徑緣池轉、廊引人隨，峰嶺雷窗，宛然如畫。與「日午畫船橋下過，衣香人影太匆匆」的瘦西湖相彷彿，妙在移步換影，這是動觀。立意在先，文循意出。動靜之分，有關園林性質與園林面積大小。像上海正在建造的盆景園，則宜以靜觀為主，即為一例。

中國園林是由建築、山水、花木等組合而成的一個綜合藝術品，富有詩情畫意。疊山理水要造成雖由人作，宛自天開的境界。山與水的關係究竟如何呢？簡言之，模山範水，用局部之景而非縮小（網師園水池仿虎丘白蓮池，極妙）。處理原則悲符畫本。山貴有脈，水貴有源，脈源貫通，全園生動。我曾經用「水隨山轉，山因水活」與「溪水因山成曲折，山蹊隨地作低平」來說明山水之間的關係，也就是從真山真水中所得到的啟示。明末清初疊山家張南垣主張用平岡小陂、陵阜陂阪，就是要使園林山水接近自然。如果我們能初步理解這個道理，就不至于離自然太遠，多少能呈現水石交融的美妙境界。

中國園林的樹木栽植，不僅為了綠化，且要具有畫意。窗外花樹一角，即折枝尺幅；山間古樹三五，幾望一叢。

图书在版编目（CIP）数据

品园 / 陈从周著. — 南京：江苏凤凰文艺出版社，
2016（2022.5 重印）

ISBN 978-7-5399-8799-6

Ⅰ. ①品… Ⅱ. ①陈… Ⅲ. ①造园林 Ⅳ.①TU986.2

中国版本图书馆 CIP 数据核字(2015)第 242235 号

书　　　名	品　园	
著　　　者	陈从周	
责 任 编 辑	赵　阳　张　黎	
出 版 发 行	江苏凤凰文艺出版社	
出版社地址	南京市中央路 165 号，邮编：210009	
出版社网址	http://www.jswenyi.com	
印　　　刷	江苏凤凰通达印刷有限公司	
开　　　本	718 毫米×1000 毫米　1/16	
印　　　张	16.75	
字　　　数	260 千字	
版　　　次	2016 年 4 月第 1 版	
印　　　次	2022 年 5 月第 12 次	
标 准 书 号	ISBN 978-7-5399-8799-6	
定　　　价	49.00 元	

江苏凤凰文艺版图书凡印刷、装订错误，可向出版社调换，联系电话 025-83280257

目 录

目 录

说　园^①

我国造园具有悠久的历史，在世界园林中树立着独特风格，自来学者从各方面进行分析研究，各抒高见。如今就我在接触园林中所见闻掇拾到的，提出来谈谈，姑名"说园"。

园有静观、动观之分，这一点我们在造园之先，首要考虑。何谓静观，就是园中予游者多驻足的观赏点；动观就是要有较长的游览线。二者说来，小园应以静观为主，动观为辅。庭院专主静观。大园则以动观为主，静观为辅。前者如苏州网师园，后者则苏州拙政园差可似之。人们进入网师园宜坐宜留之建筑多，绕池一周，有槛前细数游鱼，有亭中待月迎风，而轩外花影移墙，峰峦当窗，宛然如画，静中生趣。至于拙政园径缘池转，廊引人随，与"日午画船桥下过，衣香人影太匆匆"的瘦西湖相仿佛，妙在移步换影，这是动观。立意在先，文循意出。动静之分，有关园林性质与园林面积大小。像上海正在建造的盆景园，则宜以静观为主，即为一例。

中国园林是由建筑、山水、花木等组合而成的一个综合艺术品，富有诗情画意。叠山理水要造成"虽由人作，宛自天开"的境界。山与水的关系究竟如何呢？

① 　此文系作者一九七八年春应上海植物园所请而作的讲话稿，经整理而成。

简言之，模山范水，用局部之景而非缩小（网师园水池仿虎丘白莲池，极妙），处理原则悉符画本。山贵有脉，水贵有源，脉源贯通，全园生动。我曾经用"水随山转，山因水活"与"溪水因山成曲折，山蹊随地作低平"来说明山水之间的关系，也就是从真山真水中所得到的启示。明末清初叠山家张南垣主张用平冈小陂、陵阜陂阪，也就是要使园林山水接近自然。如果我们能初步理解这个道理，就不至于离自然太远，多少能呈现水石交融的美妙境界。

中国园林的树木栽植，不仅为了绿化，且要具有画意。窗外花树一角，即折枝尺幅；山间古树三五，幽篁一丛，乃模拟枯木竹石图。重姿态，不讲品种，和盆栽一样，能"入画"。拙政园的枫杨、网师园的古柏，都是一园之胜，左右大局，如果这些饶有画意的古木丢了，一园景色顿减。树木品种又多有特色，如苏州留园原多白皮松，怡园多松、梅，沧浪亭满种箸竹，各具风貌。可是近年来没有注意这个问题，品种搞乱了，各园个性渐少，似要引以为戒。宋人郭熙说得好："山水以山为血脉，以草为毛发，以烟云为神采。"草尚如此，何况树木呢？我总觉得一地方的园林应该有那个地方的植物特色，并且土生土长的树木存活率大，成长得快，几年可茂然成林。它与植物园有别，是以观赏为主，而非以种多斗奇。要能做到"园以景胜，景因园异"，那真是不容易。这当然也包括花卉在内。同中求不同，不同中求同，我国园林是各具风格的。古代园林在这方面下过功夫，虽亭台楼阁，山石水池，而能做到风花雪月，光景常新。我们民族在欣赏艺术上存乎一种特性，花木重姿态，音乐重旋律，书画重笔意等，都表现了要用水磨功夫，才能达到耐看耐听，经得起细细的推敲，蕴藉有余味。在民族形式的探讨上，这些似乎对我们有所启发。

园林景物有仰观、俯观之别，在处理上亦应区别对待。楼阁掩映，山石森严，曲水湾环，都存乎此理。"小红桥外小红亭，小红亭畔、高柳万蝉声。""绿杨影里，海棠亭畔，红杏梢头。"这些词句不但写出园景层次，有空间感和声感，同时高柳、杏梢，又都把人们视线引向仰观。文学家最敏感，我们造园者应向他们学习。至于"一丘藏曲折，缓步百跻攀"，则又皆留心俯视所致。因此园林建筑物的顶，假山的脚，水口，树梢，都不能草率从事，要着意安排。山际安亭，水边留矶，是能引人仰观、俯观的方法。

　　我国名胜也好,园林也好,为什么能这样勾引无数中外游人,百看不厌呢?风景淘美,固然是重要原因,但还有个重要因素,即其中有文化、有历史。我曾提过风景区或园林有文物古迹,可丰富其文化内容,使游人产生更多的兴会、联想,不仅仅是到此一游,吃饭喝水而已。文物与风景区园林相结合,文物赖以保存,园林借以丰富多彩,两者相辅相成,不矛盾而统一。这样才能体现出一个有古今文化的社会主义中国园林。

　　中国园林妙在含蓄,一山一石,耐人寻味。立峰是一种抽象雕刻品,美人峰细看才像。九狮山亦然。鸳鸯厅的前后梁架,形式不同,不说不明白,一说才恍然大悟,竟寓鸳鸯之意。奈何今天有许多好心肠的人,唯恐游者不了解,水池中装了人工大鱼,熊猫馆前站着泥塑熊猫,如做着大广告,与含蓄两字背道而驰,失去了中国园林的精神所在,真大煞风景。鱼要隐现方妙,熊猫馆以竹林引胜,渐入佳境,游者反多增趣味。过去有些园名,如寒碧山庄[①]、梅园、网师园,都可顾名思义,园内的特色是白皮松、梅、水。尽人皆知的西湖十景,更是佳例。亭榭之额真是赏景的说明书。拙政园的荷风四面亭,人临其境,即无荷风,亦觉风在其中,发人遐思。而对联文字之隽永,书法之美妙,更令人一唱三叹,徘徊不已。镇江焦山顶的别峰庵,为郑板桥读书处,小斋三间,一庭花树,门联写着"室雅无须大;花香不在多"。游者见到,顿觉心怀舒畅,亲切地感到景物宜人,博得人人称好,游罢个个传诵。至于匾额,有砖刻、石刻,联屏有板对、竹对、板屏、大理石屏,外加石刻书条石,皆少用画面,比具体的形象来得曲折耐味。其所以不用装裱的屏联,因园林建筑多敞口,有损纸质,额对露天者用砖石,室内者用竹木,皆因地制宜而安排。住宅之厅堂斋室,悬挂装裱字画,可增加内部光线及音响效果,使居者有明朗清静之感,有与无,情况大不相同。当时宣纸规格、装裱大小皆有一定,乃根据建筑尺度而定。

　　① 见刘蓉峰(恕)《寒碧山庄记》:"予目而葺之,拮据五年,粗有就绪。以其中多植白皮松,故名寒碧山。罗致太湖石颇多,皆无甚奇,乃于虎阜之阴砂碛中获见一石笋,广不满二尺,长几二丈。询之土人,俗呼为斧劈石,盖水产也。不知何人辇至卧于此间,亦不知历几何年。予以为解船载归,峙于寒碧庄听雨楼之西。自下而窥,有干霄之势,因以为名。"此隶书石刻残碑,我于一九七五年十二月发现,今存留园。

　　园林中曲与直是相对的,要曲中寓直,灵活应用,曲直自如。画家讲画树,要无一笔不曲,斯理至当。曲桥、曲径、曲廊,本来在交通意义上,是由一点到另一点而设置的。园林中两侧都有风景,随直曲折一下,使行者左右顾盼有景,信步其间使距程延长,趣味加深。由此可见,曲本直生,重在曲折有度。有些曲桥,定要九曲,既不临水面(园林桥一般要低于两岸,有凌波之意),生硬屈曲,行桥宛若受刑,其因在于不明此理(上海豫园前九曲桥即坏例)。

　　造园在选地后,就要因地制宜,突出重点,作为此园之特征,表达出预想的境界。北京圆明园,我说它是"因水成景,借景西山",园内景物皆因水而筑,招西山入园,终成"万园之园"。无锡寄畅园为山麓园,景物皆面山而构,纳园外山景于园内。网师园以水为中心,殿春簃一院虽无水,西南角凿冷泉,贯通全园水脉,有此一眼,绝处逢生,终不脱题。新建东部,设计上既背固有设计原则,且复无水,遂成僵局,是事先对全园未作周密的分析,不假思索而造成的。

　　园之佳者如诗之绝句,词之小令,皆以少胜多,有不尽之意,寥寥几句,弦外之音犹绕梁间(大园总有不周之处,正如长歌慢调,难以一气呵成)。我说园外有园,景外有景,即包括在此意之内。园外有景妙在"借",景外有景在于"时",花影、树影、云影、水影、风声、水声、鸟语、花香,无形之景,有形之景,交响成曲。所谓诗情画意益然而生,与此有密切关系。

　　万顷之园难以紧凑,数亩之园难以宽绰。紧凑不觉其大,游无倦意,宽绰不觉局促,览之有物,故以静、动观园,有缩地扩基之妙。而大胆落墨,小心收拾(画家语),更为要谛,使宽处可容走马,密处难以藏针(书家语)。故颐和园有烟波浩渺之昆明湖,复有深居山间的谐趣园,于此可悟消息。造园有法而无式,在于人们的巧妙运用其规律。计成所说的"因借"(因地制宜,借景),就是法。《园冶》一书终未列式。能做到园有大小之分,有静观动观之别,有郊园市园之异等等,各臻其妙,方称"得体"(体宜)。中国画的兰竹看来极简单,画家能各具一格;古典折子戏,亦复喜看,每个演员演来不同,就是各有独到之处。造园之理与此理相通。如果定一式使学者死守之,奉为经典,则如画谱之有"芥子园",文章之有八股一样。苏州网师园是公认为小园极则,所谓"小而精,以少胜多"。其设计原则很简单,运用了假山与建筑相对而互相更换的一个原则(苏州园林基本上用此法。网师园东部新建反其道,终于未能成功),无旱船、大桥、大山,建筑物尺度略小,数量适可而止,停停当当,像一个小园格局。反之,狮子林增添了大船,与水面不称,不伦不类,就是不"得体"。清代汪春田重葺文园有诗:"换却花篱补石阑,改园更比改诗难;果能字字吟来稳,小有亭台亦耐看。"说得透彻极了,到今天读起此诗,对造园工作者来说,还是十分亲切的。

园林中的大小是相对的,不是绝对的,无大便无小,无小也无大。园林空间越分隔,感到越大,越有变化,以有限面积,造无限空间,因此大园包小园,即基此理(大湖包小湖,如西湖三潭印月)。是例极多,几成为造园的重要处理方法。佳者如拙政园之枇杷园、海棠坞、颐和园之谐趣园等,都能达到很高的艺术效果。如果入门便觉是个大园,内部空旷平淡,令人望而生畏,即入园亦未能游遍全园,故园林不起游兴是失败的。如果景物有特点,委宛多姿,游之不足,下次再来。风景区也好,园林也好,不要使人一次游尽,留待多次,有何不好呢?我很惋惜很多名胜地点,为了扩大空间,更希望一览无遗,甚至于希望能一日游或半日游,一次观完,下次莫来,将许多古名胜园林的围墙拆去,大是大了,得到的是空,西湖平湖秋月、西泠印社都有这样的后果。西泠饭店造了高层,葛岭矮小了一半。扬州瘦西湖妙在瘦字,今后不准备在其旁建造高层建筑,是有远见的。本来瘦西湖风景区是一个私家园林群(扬州城内的花园巷,同为私家园林群,一用水路交通,一用陆上交通),其妙在各园依水而筑,独立成园,既分又合,隔院楼台,红杏出墙,历历倒影,宛若图画。虽瘦而不觉寒酸,反窈窕多姿。今天感到美中不足的,似觉不够紧凑,主要建筑物少一些,分隔不够。在以后的修建中,这个原来瘦西湖的特征,还应该保留下来。拙政园将东园与之合并,大则大矣,原来部分益现局促,而东园辽阔,游人无兴,几成为过道。分之两利,合之两伤。

本来中国木构建筑,在体形上有其个性与局限性,殿是殿,厅是厅,亭是亭,各具体例,皆有一定的尺度,不能超越,画虎不成反类犬,放大缩小各有范畴。平面使用不够,可几个建筑相连,如清真寺礼拜殿用勾连搭的方法相连,或几座建筑缀以廊庑,成为一组。拙政园东部将亭子放大了,既非阁,又不像亭,人们看不惯,有很多意见。相反,瘦西湖五亭桥与白塔是模仿北京北海大桥、五龙亭及白塔,因为地位不够大,将桥与亭合为一体,形成五亭桥,白塔体形亦相应缩小,这样与湖面相称了,形成了瘦西湖的特征,不能不称佳构,如果不加分析,难以辨出它是一个北海景物的缩影,做得十分"得体"。

远山无脚,远树无根,远舟无身(只见帆),这是画理,亦造园之理。园林的每个观赏点,看来皆一幅幅不同的画,要深远而有层次。"常倚曲阑贪看水,不安四壁怕遮山。"如能懂得这些道理,宜掩者掩之,宜屏者屏之,宜敞者敞之,宜隔者隔之,宜分者分之等等,见其片断,不逞全形,图外有画,咫尺千里,余味无穷。再具体点说:建亭须略低山巅,植树不宜峰尖,山露脚而不露顶,露顶而不露脚,大树见梢不见根,见根不见梢之类。但是运用上却细致而费推敲,小至一树的修剪,片石的移动,都要影响风景的构图。真是一枝之差,全园败景。拙政园玉兰堂后的古树枯死,今虽补植,终失旧貌。留园曲溪楼前有同样的遭遇。至此深深体会到,造园困难,管园亦不易,一个好的园林管理者,他不但要考查园的历史,更应知道园的艺术特征,等于一个优秀的护士对病人作周密细致的了解。尤其重点文物保护单位,更不能鲁莽从事,非经文物主管单位同意,须照原样修复,不得擅自更改,否则不但破坏园林风格,且有损文物,关系到党的文物政策问题。

郊园多野趣,宅园贵清新。野趣接近自然,清新不落常套。无锡蠡园为庸俗无野趣之例,网师园属清新典范。前者虽大,好评无多;后者虽小,赞辞不已。至此可证园不在大而在精,方称艺术上品。此点不仅在风格上有轩轾,就是细至装修陈设皆有异同。园林装修同样强调因地制宜,敞口建筑重线条轮廓,玲珑出之,不用精细的挂落装修,因易损伤;家具以石凳、石桌、砖面桌之类,以古朴为主。厅堂轩斋有门窗者,则配精细的装修。其家具亦为红木、紫檀、楠木、花梨所制,配套陈设,夏用藤棚椅面,冬加椅披椅垫,以应不同季节的需要。但亦须根据建筑物的华丽与雅素,分别作不同的处理。华丽者用红木、紫檀,雅素者用楠木、花梨;其雕刻之繁简亦同样对待。家具俗称"屋肚肠",其重要可知,园缺家具,即胸无点墨,水平高下自在其中。过去网师园的家具陈设下过大功夫,确实做到相当高的水平,使游者更全面地领会我国园林艺术。

古代园林张灯夜游是一件大事,屡见诗文,但张灯是盛会,许多名贵之灯是临时悬挂的,张后即移藏,非永久固定于一地。灯也是园林一部分,其品类与悬挂亦如屏联一样,皆有定格,大小形式各具特征。现在有些园林为了适应夜游,都装上电灯,往往破坏园林风格,正如宜兴善卷洞一样,五色缤纷,宛或餐厅,几不知其为洞穴,要还我自然。苏州狮子林在亭的戗角头装灯,甚是触目。对古代建筑也好,园林也好,名胜也好,应该审慎一些,不协调的东西少强加于它。我以为照明灯应隐,装饰灯宜显,形式要与建筑协调。至于装挂地位,敞口建筑与封闭建筑有别,有些灯玲珑精巧不适用于空廊者,挂上去随风摇曳,有如塔铃,灯且易损,不可妄挂,而电线电杆更应注意,既有害园景,且阻视线,对拍照人来说,真是有苦说不出。凡兹琐琐,虽多陈音俗套,难免絮聒之讥,似无关大局,然精益求精,繁荣文化,愚者之得,聊资参考!

续说园

造园一名构园，重在构字，含意至深。深在思致，妙在情趣，非仅土木绿化之事。杜甫《陪郑广文游何将军山林十首》《重过何氏园五首》，一路写来，园中有景，景中有人，人与景合，景因人异。吟得与构园息息相通，"名园依绿水，野竹上青霄。""绿垂风折笋，红绽雨肥梅。"园中景也。"兴移无洒扫，随意坐莓苔。""石阑斜点笔，梧叶坐题诗。"景中人也。有此境界，方可悟构园神理。

风花雪月，客观存在，构图者能招之即来，听我驱使，则境界自出。苏州网师园，有亭名"月到风来"，临池西向，有粉墙若屏，正撷此景精华，风月为我所有矣。西湖三潭印月，如无潭则景不存，谓之点景。画龙点睛，破壁而出，其理自同。有时一景"相看好处无一言"，必藉之以题辞，辞出而景生。《红楼梦》"大观园试才题对额"一回（第十七回），描写大观园工程告竣，各处亭台楼阁要题对额，说："若大景致，若干亭榭，无字标题，任是花柳山水，也断不能生色。"由此可见题辞是起"点景"之作用。题辞必须流连光景，细心揣摩，谓之"寻景"。清人江弢叔有诗云："我要寻诗定是痴，诗来寻我却难辞；今朝又被诗寻着，满眼溪山独去时。""寻景"达到这一境界，题辞才显神来之笔。

我国古代造园，大都以建筑物开路。私家园林，必先造花厅，然后布置树石，往往边筑边拆，边拆边改，翻工多次，而后妥帖。沈元禄记猗园谓："奠一园之体势者,莫如堂;据一园之形胜者,莫如山。"盖园以建筑为主,树石为辅,树石为建筑之联缀物也。今则不然,往往先凿池铺路,主体建筑反落其后,一园未成,辄动万金,而游人尚无栖身之处,主次倒置,遂成空园。至于绿化,有些园林、风景区、名胜古迹,砍老木、栽新树,俨若苗圃,美其名为"以园养园",亦悖常理。

园既有"寻景",又有"引景"。何谓"引景"? 即点景引人。西湖雷峰塔圮后,南山之景全虚。景有情则显,情之源来于人。"芳草有情,斜阳无语,雁横南浦,人倚西楼。"无楼便无人,无人即无情,无情亦无景,此景关键在楼。证此可见建筑物之于园林及风景区的重要性了。

前人安排景色,皆有设想,其与具体环境不能分隔,始有独到之笔。西湖满觉陇一径通幽,数峰环抱,故配以桂丛,香溢不散,而泉流淙淙,山气霏霏,花滋而馥郁,宜其秋日赏桂,游人信步盘桓,流连忘返。闻今已开公路,宽道扬尘,此景顿败。至于小园植树,其具芬芳者,皆宜围墙。而芭蕉分翠,忌风碎叶,故栽于墙根屋角;牡丹香花,向阳斯盛,须植于主厅之南。此说明植物种植,有藏有露之别。

盆栽之妙在小中见大。"栽来小树连盆活,缩得群峰入座青。"乃见巧思。今则越放越大,无异置大象于金丝鸟笼。盆栽三要:一本,二盆,三架,缺一不可。宜静观,须孤赏。

我国古代园林多封闭,以有限面积,造无限空间,故"空灵"二字,为造园之要谛。花木重姿态,山石贵丘壑,以少胜多,须概括、提炼。曾记一戏台联:"三五步行遍天下;六七人雄会万师。"演剧如此,造园亦然。

白皮松独步中国园林,因其体形松秀,株干古拙,虽少年已是成人之概。杨柳亦宜装点园林,古人诗词中屡见不鲜,且有以万柳名园者。但江南园林则罕见之,因柳宜濒水,植之宜三五成行,叶重枝密,如帷如幄,少透漏之致,一般小园,不能相称。而北国园林,面积较大,高柳侵云,长条拂水,柔情万千,别饶风姿,为园林生色不少。故具体事物必具体分析,不能强求一律。有谓南方园林不植杨柳,因蒲柳早衰,为不吉之兆。果若是,则拙政园何来"柳荫路曲"一景呢?

风景区树木,皆有其地方特色。即以松而论,有天目山松、黄山松、泰山松等,因地制宜,以标识各座名山的天然秀色。如今有不少"摩登"园林家,以"洋为中用"来美化祖国河山,用心极苦。即以雪松而论,几如药中之有青霉素,可治百病,全国园林几将遍植。"白门(南京)杨柳可藏鸦。""绿杨城郭是扬州。"今皆柳老不飞絮,户户有雪松了。泰山原以泰山松独步天下,今在岱庙中也种上雪松,古建筑居然西装革履,无以名之,名之曰"不伦不类"。

园林中亭台楼阁,山石水池,其布局亦各有地方风格,差异特甚。旧时岭南园林,每周以楼,高树深池,阴翳生凉,水殿风来,溽暑顿消,而竹影兰香,时盈客袖,此唯岭南园林得之,故能与他处园林分庭抗衡。

园林中求色,不能以实求之。北国园林,以翠松朱廊衬以蓝天白云,以有色胜。江南园林,小阁临流,粉墙低桠,得万千形象之变。白本非色,而色自生;池水无色,而色最丰。色中求色,不如无色中求色。故园林当于无景处求景,无声处求声,动中求动,不如静中求动。景中有景,园林之大镜、大池也,皆于无景中得之。

小园树宜多落叶,以疏植之,取其空透;大园树宜适当补常绿,则旷处有物。此为以疏救塞,以密补旷之法。落叶树能见四季,常绿树能守岁寒,北国早寒,故多植松柏。

石无定形,山有定法。所谓法者,脉络气势之谓,与画理一也。诗有律而诗亡,词有谱而词衰,汉魏古风、北宋小令,其卓绝处不能以格律绳之者。至于学究咏诗,经生填词,了无性灵,遑论境界。造园之道,消息相通。

假山平处见高低,直中求曲折,大处着眼,小处入手。黄石山起脚易,收顶难;湖石山起脚难,收顶易。黄石山要浑厚中见空灵,湖石山要空灵中寓浑厚。简言之,黄石山失之少变化,湖石山失之太琐碎。石形、石质、石纹、石理,皆有不同,不能一律视之,中存辩证之理。叠黄石山能做到面面有情,多转折;叠湖石山能达到宛转多姿,少做作,此难能者。

叠石重拙难,竖古朴之峰尤难,森严石壁更非易致。而石矶、石坡、石磴、石步,正如云林小品,其不经意处,亦即全神最贯注处,非用极大心思,反复推敲,对全景作彻底之分析解剖,然后以轻灵之笔,随意着墨,正如颊上三毛,全神飞动。不经意之处,要格外经意。明代假山,其厚重处,耐人寻味者正在此。清代同光时期假山,欲以巧取胜,反趋纤弱,实则巧夺天工之假山,未有不从重拙中来。黄石之美在于重拙,自然之理也。没有质性,必无佳构。

明代假山,其布局至简,磴道、平台、主峰、洞壑,数事而已,千变万化,其妙在于开阖。何以言之? 开者山必有分,以涧谷出之,上海豫园大假山佳例也。

阖者必主峰突兀,层次分明,而山之余脉,石之散点,皆开之法也。故旱假山之山根、散石,水假山之石矶、石濑,其用意一也。明人山水画多简洁,清人山水画多繁琐,其影响两代叠山,不无关系。

明张岱《陶庵梦忆》中评仪征汪园三峰石云:"余见其弃地下一白石,高一丈、阔二丈而痴,痴妙。一黑石,阔八尺、高丈五而瘦,瘦妙。"痴妙、瘦妙,张岱以"痴"字"瘦"字品石,盖寓情在石。清龚自珍品人用"清丑"一辞,移以品石极善。广州园林新点黄蜡石,甚顽。指出"顽"字,可补张岱二妙之不足。

假山有旱园水做之法,如上海嘉定秋霞圃之后部,扬州二分明月楼前部之叠石,皆此例也。园中无水,而利用假山之起伏,平地之低降,两者对比,无水而有池意,故云水做。至于水假山以旱假山法出之,旱假山以水假山法出之,则谬矣。因旱假山之脚与水假山之水口两事也。他若水假山用崖道、石矶、湾头,旱假山不能用;反之,旱假山之石根、散点又与水假山者异趣。至于黄石不能以湖石法叠,湖石不能运黄石法,其理更明。总之,观天然之山水,参画理之所示,外师造化,中发心源,举一反三,无往而不胜。

园林有大园包小园,风景有大湖包小湖,西湖三潭印月为后者佳例。明人钟伯敬所撰《梅花墅记》:"园于水,水之上下左右,高者为台,深者为室,虚者为亭,曲者为廊,横者为渡,竖者为石,动植者为花鸟,往来者为游人,无非园者。然则人何必各有其园也,身处园中,不知其为园。园之中,各有园,而后知其为园,此人情也。"造园之学,有通哲理,可参证。

园外之景与园内之景,对比成趣,互相呼应,相地之妙,技见于斯。钟伯敬《梅花墅记》又云:"大要三吴之水,至甫里(角直)始畅,墅外数武反不见水,水反在户以内。盖别为暗窦,引水入园,开扉坦步,过杞菊斋……登阁所见,不尽为水。然亭之所跨,廊之所往,桥之所踞,石所卧立,垂杨修竹之所冒荫,则皆水也。……从阁上缀目新眺,见廊周于水,墙周于廊,又若有阁。亭亭处墙外者,林木荇藻,竟川含绿,染人衣裙,如可承揽,然不可即至也。……又穿小酉洞,憩招爽亭,苔石啮波,曰锦淙滩。诣修廊,中隔水外者,竹树表里之,流响交光,分风争日,往往可即,而仓卒莫定处,姑以廊标之。"文中所述之园,以水为主,而用水有隐有显,有内有外,有抑扬、曲折。而使水归我所用,则以亭阁廊等左右之,其造成水旱二层之空间变化者,唯建筑能之。故"园必隔,水必曲"。今日所存水廊,盛称拙政园西部者,而此梅花墅之水犹仿佛似之,知吴中园林渊源相承,固有所自也。

童寯老人曾谓,拙政园"藓苔蔽路,而山池天然,丹青淡剥,反觉逸趣横生"。真小颓风范,丘壑独存,此言园林苍古之境,有胜藻饰。而苏州留园华瞻,如七宝楼台拆下不成片段,故稍损易见败状。近时名胜园林,不修则已,一修便过了头。苏州拙政园水池驳岸,本土石相错,如今无寸土可见,宛若满口金牙。无锡寄畅园八音涧失调,顿逊前观,可不慎乎?可不慎乎?

景之显在于"勾勒"。最近应常州之约,共商红梅阁园之布局。我认为园既名"红梅阁",当以红梅出之,奈数顷之地遍植红梅,名为梅圃可矣,称园林则不当,且非朝夕所能得之者。我建议园贯以廊,廊外参差植梅,疏影横斜,人行其间,暗香随衣,不以红梅名园,而游者自得梅矣。其景物之妙,在于以廊"勾勒",处处成图,所谓少可以胜多,小可以见大。

园林密易疏难,绮丽易雅淡难,疏而不失旷,雅淡不流寒酸。拙政园中部两者兼而得之,宜乎自明迄今,誉满江南,但今日修园林未明此理。

古人构园成必题名,皆有托意,非泛泛为之者。清初杨兆鲁营常州近园,其记云:

"自抱疴归来,于注经堂后买废地六七亩,经营相度,历五年于兹,近似乎园,故题曰近园。"知园名之所自,谦抑称之。忆前年于马鞍山市雨山湖公园,见一亭甚劣,尚无名。属我命之,我题为"暂亭",意在不言中,而人自得之。其与"大观园"、"万柳堂"之类者,适反笔出之。

苏州园林,古典剧之舞台装饰,颇受其影响,但实物与布景不能相提并论。今则见园林建筑又仿舞台装饰者,玲珑剔透,轻巧可举,活像上海城隍庙之"巧玲珑"(纸扎物)。又如画之临摹本,搔首弄姿,无异东施效颦。

漏窗在园林中起"泄景"、"引景"作用,大园景可泄,小园景则宜引不宜泄。拙政园"海棠春坞",庭院也,其漏窗能引大园之景。反之,苏州怡园不大,园门旁开两大漏窗,顿成败笔,形既不称,景终外暴,无含蓄之美矣。拙政园新建大门,庙堂气太甚,颇近祠宇,其于园林不得体者有若此。同为违反园林设计之原则,如于风景区及名胜古迹之旁,新建建筑往往喧宾夺主,其例甚多。谦虚为美德,尚望甘当配角,博得大家的好评。

"池馆已随人意改,遗篇犹逐水东流,漫盈清泪上高楼。"这是我前几年重到扬州,看到园林被破坏的情景,并怀念已故的梁思成、刘敦桢二前辈而写的几句词句,当时是有感触的。今续为说园,亦有所感而发,但心境各异。

说园（三）

　　余既为《说园》《续说园》，然情之所钟，终难自已，晴窗展纸，再抒鄙见，芜驳之辞，存商求正，以《说园（三）》名之。

　　晋陶潜（渊明）《桃花源记》："中无杂树，芳草鲜美。"此亦风景区花树栽植之卓见，匠心独具。与"采菊东篱下，悠然见南山"句，同为千古绝唱，前者说明桃花宜群植远观，绿茵衬繁花，其景自出。而后者暗示"借景"。虽不言造园，而理自存。

　　看山如玩册页，游山如展手卷，一在景之突出，一在景之联续。所谓静动不同，情趣因异，要之必有我存在，所谓"我见青山多妩媚，料青山见我应如是"。何以得之，有赖于题咏，故画不加题显俗，景无摩崖（或匾对）难明，文与艺未能分割也。"云无心以出岫，鸟倦飞而知还。"景之外兼及动态声响。余小游扬州瘦西湖，舍舟登岸，止于小金山"月观"，信动观以赏月，赖静观以小休，兰香竹影，鸟语桨声，而一抹夕阳斜照窗棂，香、影、光、声相交织，静中见动，动中寓静，极辩证之理于造园览景之中。

　　园林造景，有有意得之者，亦有无意得之者，尤以私家小园，地甚局促，往往于无可奈何之处，而以无可奈何之笔化险为夷，终挽全局。苏州留园之"华步小筑"一角，用砖砌地穴门洞，分隔成狭长小径，得"庭院深深深几许"之趣。

今不能证古，洋不能证中，古今中外自成体系，决不容借尸还魂，不明当时建筑之功能与设计者之主导思想，以今人之见强与古人相合，谬矣。试观苏州网师园之东墙下，备仆从出入留此便道，如住宅之设"避弄"。与其对面之径山游廊，具极明显之对比，所谓"径莫便于捷，而又莫妙于迂"可证。因此，评园必究园史，更须熟悉当时之生活，方言之成理。园有一定之观赏路线，正如文章之有起承转合，手卷之有引首、卷本、拖尾，有其不可颠倒之整体性。今苏州拙政园入口处为东部边门，网师园入口处为北部后门，大悖常理。记得《义山杂纂》列人间煞风景事有："松下喝道。看花泪下。苔上铺席。花下晒裈。游春载重。石笋系马。月下把火。背山起楼。果园种菜。花架下养鸡鸭。"等等。今余为之增补一条曰："开后门以延游客。"质诸园林管理者以为如何？至于苏州以沧浪亭、狮子林、拙政园、留园"号称"宋元明清四大名园。留园与拙政园同建于明而同重修于清者，何分列于两代，此又令人不解者。余谓以静观者为主之网师园，动观为主之拙政园，苍古之沧浪亭，华瞻之留园，合称苏州四大名园，则予游者以易领会园林特征也。

造园如缀文，千变万化，不究全文气势立意，而仅务辞汇叠砌者，能有佳构乎？文贵乎气，气有阳刚阴柔之分，行文如此，造园又何独不然。割裂分散，不成文理，藉一亭一榭以斗胜，正今日所乐道之园林小品也。盖不通乎我国文化之特征，难于言造园之气息也。

南方建筑为棚，多敞口。北方建筑为窝，多封闭。前者原出巢居，后者来自穴处，故以敞口之建筑，配茂林修竹之景，园林之始，于此萌芽。园林以空灵为主，建筑亦起同样作用，故北国园林终逊南中。盖建筑以多门窗为胜，以封闭出之，少透漏之妙。而居人之室，更须有亲切之感，"众鸟欣有托，吾亦爱吾庐。"正咏此也。

小园若斗室之悬一二名画，宜静观。大园则如美术展览会之集大成，宜动观。故前者必含蓄耐人寻味，而后者设无吸引人之重点，必平淡无奇。园之功能因时代而变，造景亦有所异，名称亦随之不同，故以小公园、大公园（公园之公，系对私园而言）名之。解放前则可，今似多商榷，我曾建议是否皆须冠公字。今南通易狼山公园为北麓园，苏州易城东公园为东园，开封易汴京公园为汴园，似得风气之先。至于市园、郊园、平地园、山麓园，各具环境地势之特征，亦不能以等同之法设计之。

整修前人园林，每多不明立意。余谓对旧园有"复园"与"改园"二议。设若名园，必细征文献图集，使之复原，否则以己意为之，等于改园。正如装裱古画，其缺笔处，必以原画之笔法与设色续之，以成全璧。如用戈裕良之叠山法弥明人之假山，与以四王之笔法接石涛之山水，顿异旧观，真愧对古人，有损文物矣。若一般园林，颓败已极，残山剩水，犹可资用，以今人之意修改，亦无不可，姑名之曰"改园"。

我国盆栽之产生，与建筑具有密切之关系，古代住宅以院落天井组合而成，周以楼廊或墙垣，空间狭小，阳光较少，故吴下人家每以寸石尺树布置小景，点缀其间，往往见天不见日，或初阳煦照，一瞬即过，要皆能适植物之性，保持一定之温度与阳光，物赖以生，景供人观。东坡诗所谓："微雨止还作，小窗幽更妍。空庭不受日，草木自苍然。"最能得此神理。盖生活所需之必然产物，亦穷则思变，变则能通，所谓"适者生存"。今以开畅大园，置数以百计之盆栽，或置盈丈之乔木于巨盆中，此之谓大而无当。而风大日烈，蒸发过大，难保存活，亦未深究盆景之道而盲为也。

华丽之园难简，雅淡之园难深。简以救俗，深以补淡，笔简意浓，画少气壮。如晏殊诗："梨花院落溶溶月，柳絮池塘淡淡风。"艳而不俗，淡而有味，是为上品。皇家园林，过于繁缛，私家园林，往往寒俭，物质条件所限也。无过无不及，得乎其中。须割爱者能忍痛，须补添者无吝色。即下笔千钧，反复推敲。闺秀之画能脱脂粉气，释道之画能脱蔬笋气，少见者。刚以柔出，柔以刚现。扮书生而无穷酸相，演将帅而具台阁气，皆难能也。造园之理，与一切艺术无不息息相通。故余曾谓明代之园林，与当时之文学、艺术、戏曲同一思想感情，而以不同形式出现之。

能品园，方能造园，眼高手随之而高，未有不辨乎味能为著食谱者。故造园一端，主其事者，学养之功，必超乎实际工作者。计成云："三分匠、七分主人。"言主其事者之重要，非污蔑工人之谓。今以此而批判计氏，实尚未读通计氏《园冶》也。讨论学术，扣以政治帽子，此风当不致再长矣。

假假真真，真真假假。《红楼梦》大观园假中有真，真中有假，是虚构，亦有作者曾见之实物。是实物，又有参与作者之虚构。其所以迷惑读者正在此。故假山如真方妙，真山似假便奇，真人如造像，造像似真人，其捉弄人者又在此。造园之道，要在能"悟"，有终身事其业，而不解斯理者正多。甚矣！造园之难哉。园中立峰，亦存假中寓真之理，在品题欣赏上以感情悟物，且进而达人格化。

文学艺术作品言意境，造园亦言意境。王国维《人间词话》所谓境界也。对象不同，表达之方法亦异，故诗有诗境，词有词境，曲有曲境。"曲径通幽处，禅房花木深"，诗也。"梦后楼台高锁，酒醒帘幕低垂"，词境也。"枯藤老树昏鸦，小桥流水人家"，曲境也。意境因情景不同而异，其与园林所现意境亦然。园林之诗情画意，即诗与画之境界在实际景物中出现之，统名之曰意境。"景露则境界小，景隐则境界大。""引水须随势，栽松不趁行。""亭台到处皆临水，屋宇虽多不碍山。""几个楼台游不尽，一条流水乱相缠。"此虽古人咏景说画之辞，造园之法适同，能为此，则意境自出。

园林叠山理水，不能分割言之，亦不可以定式论之，山与水相辅相成，变化万方。山无泉而若有，水无石而意存，自然高下，山水仿佛其中。昔苏州铁瓶巷顾宅艮庵前一区，得此消息。江南园林叠山，每以粉墙衬托，盖觉山石紧凑峥嵘，此粉墙画本也。若墙不存，则如一丘乱石，故今日以大园叠山，未见佳构者正在此。画中之笔墨，即造园之水石，有骨有肉，方称上品。石涛（道济）画之所以冠世，在于有骨有肉，笔墨俱备。板桥（郑燮）学石涛有骨而无肉，重笔而少墨。盖板桥以书家作画，正如工程家构园，终少韵味。

建筑物在风景区或园林之布置，皆因地制宜，但主体建筑始终维持其南北东西平直方向。斯理甚简，而学者未明者正多。镇江金山、焦山、北固山三处之寺，布局各殊，风格终异。金山以寺包山，立体交通。焦山以山包寺，院落区分。北固以寺镇山，雄踞其巅。故同临长江，取景亦各览其胜。金山宜远眺，焦山在平览，而北固山在俯瞰。皆能对观上着眼，于建筑物布置上用力，各臻其美，学见乎斯。

山不在高，贵有层次；水不在深，妙于曲折。峰岭之胜，在于深秀。江南常熟虞山，无锡惠山，苏州上方山，镇江南郊诸山，皆多此特征。泰山之能为五岳之首者,就山水而言,以其有山有水。黄山非不美,终鲜巨瀑,设无烟云之出没,此山亦未能有今日之盛名。

风景区之路,宜曲不宜直,小径多于主道,则景幽而客散,使有景可寻、可游,有泉可听,有石可留,吟想其间,所谓:"入山唯恐不深,入林唯恐不密。"山须登,可小立顾盼,故古时皆用磴道,亦符人类两足直立之本意,今易以斜坡,行路自危,与登之理相背。更以筑公路之法而修游山道,致使丘壑破坏,漫山扬尘,而游者集于道与飙轮争途,拥挤可知,难言山屐之雅兴。西湖烟霞洞本由小径登山,今汽车达巅,其情无异平地之灵隐飞来峰前,真是"豁然开朗",拍手叫好,从何处话烟霞耶?闻西湖诸山拟一日之汽车游程可毕,如是西湖将越来越小。此与风景区延长游览线之主旨相背,似欠明智。游兴、赶程,含义不同,游览宜缓,赶程宜速,今则适正倒置。孤立之山筑登山盘旋道,难见佳境,极易似毒蛇之绕颈,将整个之山数段分割,无耸翠之姿,高峻之态。证以西湖玉皇山与福州鼓山二道,可见轩轾。后者因山势重叠,故可掩拙。名山筑路千万慎重,如经破坏,景物一去不复返矣。千古功罪,待人评定。至于入山旧道,切宜保存,缓步登临,自有游客。泉者,山眼也。今若干著名风景地,泉眼已破,终难再活。趵突无声,九溪渐涸,此事非可等闲视之。开山断脉,打井汲泉,工程建设未与风景规划相配合,元气大伤,徒唤奈何。楼者,透也。园林造楼必空透。"画栋朝飞南浦云,珠帘暮卷西山雨。"境界可见。松者,松也。枝不能多,叶不能密,方见姿态。而刚柔互用,方见效果。杨柳必存老干,竹木必露嫩梢,皆反笔出之。今西湖白堤之柳,尽易新苗,老树无一存者,顿失前观。"全部肃清,彻底换班。"岂可用于治园耶?

风景区多茶室,必多厕所,后者实难处理,宜隐蔽之。今厕所皆饰以漏窗,宛若"园林小品"。余曾戏为打油诗:"我为漏窗频叫屈,而今花样上茅房"(我一九五三年刊《漏窗》一书,其罪在我)之句。漏窗功能泄景,厕所有何景可泄?曾见某处新建厕所,漏窗盈壁,其左刻石为"香泉";其右刻石为"龙飞凤舞",见者失笑。鄙意游览大风景区,宜设茶室,以解游人之渴。至于范围小之游览区,若西湖西泠印社、苏州网师园似可不必设置茶室,占用楼堂空间。而大型园林茶室有如宾馆餐厅,亦未见有佳构者,主次未分,本末倒置。如今风景区以园林倾向商店化,似乎游人游览就是采购物品,宜乎古刹成庙会,名园皆市肆,则"东篱为市井,有辱黄花矣"。园林局将成为商业局,此名之曰:"不务正业。"

浙中叠山重技而少艺,以洞见长,山类皆孤立,其佳者有杭州元宝街胡宅,学官巷吴宅,孤山文澜阁等处,皆尚能以水佐之。降及晚近,以平地叠山,中置一洞,上覆一平台,极简陋。此皆浙之东阳匠师所为。彼等非专攻叠山,原为水作之工,杭人称为阴沟匠者,鱼目混珠,以诳不识者。后因"洞多不吉",遂易为小山花台,此入民国后之状也。从前叠山,有苏帮、宁(南京)帮、扬帮、金华帮、上海帮(后出,为宁、苏之混合体)。而南宋以后著名叠山师,则来自吴兴、苏州。吴兴称山匠,苏州称花园子,浙中又称假山师或叠山师,扬州称石匠,上海(旧松江府)称山师,名称不一。云间(松江)名手张涟、张然父子,人称张石匠,名动公卿间,张涟父子流寓京师,其后人承其业,即山子张也。要之,太湖流域所叠山,自成体系,而宁、扬又自一格,所谓苏北系统,其与浙东匠师皆各立门户,但总有高下之分。其下者就石论石,心存叠字,遑论相石选石,更不谈石之纹理,专攻五日一洞,十日一山摹拟真状,以大缩小,实假戏真做,有类儿戏矣。故云,叠山者,艺术也。

鉴定假山,何者为原构? 何者为重修? 应注意留心山之脚、洞之底,因低处不易毁坏,如一经重叠,新旧判然。再细审灰缝,详审石理,必渐能分晓,盖石缝有新旧,胶合品成分亦各异,石之包浆,斧凿痕迹,在在可佐证也。苏州留园,清嘉庆间刘氏重补者,以湖石接黄石,更判然明矣。而旧假山类多山石紧凑相挤,重在垫塞,功在平衡,一经拆动,涣然难收陈局。佳作必拼合自然,曲具画理,缩地有法,观其局部,复察全局,反复推敲,结论遂出。

近人但言上海豫园之盛,却未言明代潘氏宅之情况,宅与园仅隔一巷耳。潘宅在今园东安仁街梧桐路一带,旧时称安仁里。据叶梦珠《阅世编》所记:"建第规模甲于海上,面照雕墙,宏开峻宇,重轩复道,几于朱邸,后楼悉以楠木为之,楼上皆施砖砌,登楼与平地无异。涂金染丹垩,雕刻极工作之巧。"以此建筑结构,证豫园当日之规模,甚相称也。惜今已荡然无存。

清初画家恽寿平(南田)《瓯香馆集》卷十二:"壬戌八月,客吴门拙政园,秋雨长林,致有爽气。独坐南轩,望隔岸横冈叠石峻嶒,下临清池,洞路盘纡,上多高槐、桱、柳、桧、柏,虬枝挺然,迥出林表。绕堤皆芙蓉,红翠相间,俯视澄明,游鳞可取,使人悠然有濠濮闲趣。自南轩过艳雪亭,渡红桥而北,傍横冈循石间道,山麓尽处有堤通小阜,林木翳如,池上为湛华楼,与隔水回廊相望,此一园最胜地也。"壬戌为清康熙二十一年(一六八二年),南田五十岁时(生于明崇祯六年癸酉即一六三三年,死于清康熙二十九年庚午即一六九〇年)所记,如此详实。南轩为倚玉轩,艳雪亭似为荷风四面亭,红桥即曲桥。湛华楼以地位观之,即见山楼所在。隔水回廊,与柳荫路曲一带出入亦不大。以画人之笔,记名园之景,修复者能悟此境界,固属高手,但"此歌能有几人知",徒唤奈何。保园不易,修园更难。不修则已,一修惊人。余再重申研究园史之重要,以为此篇殿焉。曩岁叶恭绰先生赠余一联:"洛阳名园(记),扬州画舫(录);武林遗事,日下旧闻(考)。"以四部园林古迹之书目相勉,则余今之所作,岂徒然哉。

说园（四）

一年漫游，触景殊多，情随事迁，遂有所感，试以管见论之，见仁见智，各取所需。书生谈兵，容无补于事实，存商而已。因续前三篇，故以《说园（四）》名之。

造园之学，主其事者须自出己见，以坚定之立意，出宛转之构思，成者誉之，败者贬之。无我之园，即无生命之园。

水为陆之眼，陆多之地要保水；水多之区要疏水。因水成景，复利用水以改善环境与气候。江村湖泽，荷塘菱沼，蟹籪渔庄，水上产物，不减良田，既增收入，又可点景。王士禛诗云："江干都是钓人居，柳陌菱塘一带疏；好是日斜风定后，半江红树卖鲈鱼。"神韵天然，最是依人。

旧时城垣，垂杨夹道，杜若连汀，雉堞参差，隐约在望，建筑之美与天然之美交响成曲。王士禛诗云："绿杨城郭是扬州。"今已拆，此景不可再得矣。故城市特征，首在山川地貌，而花木特色实占一地风光。成都之为蓉城，福州之为榕城，皆予游者以深刻之印象。

恽寿平论画："青绿重色，为浓厚易，为浅淡难。为浅淡易，而愈见浓厚为尤难。"造园之道，正亦如斯。所谓实处求虚，虚中得实，淡而不薄，厚而不滞，存天趣也。今经营风景区园事者，破坏真山，乱堆假山，堵却清流，易置喷泉，抛却天然而善作伪，大好泉石，随意改观，如无喷泉未是名园者。明末钱澄之记黄檗山居(在桐城之龙眠山),论及:"吴中人好堆假山以相夸诩,而笑吾乡园亭之陋。予应之曰:'吾乡有真山水,何以假为?唯任真,故失诸陋,洵不若吴人之工于作伪耳。'"

又论此园:"彼此位置,各不相师,而各臻其妙,则有真山水为之质耳。"此论妙在拈出一个"质"字。

山林之美,贵于自然,自然者,存真而已。建筑物起"点景"作用,其与园林似有所别,所谓锦上添花,花终不能压锦也。宾馆之作,在于栖息小休,宜着眼于周围有幽静之境,能信步盘桓,游目骋怀,故室内外空间并互相呼应,以资流通,晨餐朝晖,夕枕落霞,坐卧其间,小中可以见大。反之,高楼镇山,汽车环居,喇叭彻耳,好鸟惊飞。俯视下界,豆人寸屋,大中见小,渺不足观,以城市之建筑,夺山林之野趣,徒令景色受损,游者扫兴而已。丘壑平如砥,高楼塞天地,此几成为目前旅游风景区所习见者。闻更有欲消灭山间民居之举,诚不知民居为风景区之组成部分,点缀其间,楚楚可人,古代山水画中每多见之。余客瑞士,日内瓦山间民居,窗明几净,予游客以难忘之情。余意以为风景区之建筑,宜隐不宜显,宜散不宜聚,宜低不宜高,宜麓(山麓)不宜顶(山顶),须变化多,朴素中有情趣,要随宜安排,巧于因借,存民居之风格,则小院曲户,粉墙花影,自多情趣。游者生活其间,可以独处,可以留客,"城市山林",两得其宜。明末张岱在《陶庵梦忆》中记范长白园(苏州天平山之高义园)云:"园外有长堤,桃柳曲桥,蟠屈湖面,桥尽抵园,园门故作低小,进门则长廊复壁,直达山麓,其绘楼幔阁,秘室曲房,故匿之,不使人见也。"又毛大可《彤史拾遗记》记崇祯所宠之贵妃,扬州人,"尝厌宫闱过高迥,崇杠大牖,所居不适意,乃就廊房为低槛曲楯,蔽以敞槅,杂采扬州诸什器、床罩供设其中。"以证余创山居宾舍之议不谬。

园林与建筑之空间,隔则深,畅则浅,斯理甚明,故假山、廊、桥、花墙、屏、幕、槅扇、书架、博古架等,皆起隔之作用。旧时卧室用帐、碧纱橱,亦同样效果。日本居住之室小,席地而卧,以纸槅小屏分之,皆属此理。今西湖宾馆、餐厅,往往高大如宫殿,近建孤山楼外楼,体量且超颐和园之排云殿,不如易名太和楼则更名符其实矣。太和殿尚有屏隔之,有柱分之,而今日之大餐厅几等体育馆。风景区往往因建造一大宴会厅,开石劈山,有如兴建营房,真劳民伤财,遑论风景之存不存矣。旧时园林，有东西花厅之设，未闻有大花厅之举。大宾馆、大餐厅、大壁画、大盆景、大花瓶，以大为尚，真是如是如是，善哉善哉。

不到苏州，一年有奇，时萦梦寐。近得友人王西野先生来信，谓："虎丘东麓就东山庙遗址，正在营建盆景园，规模之大，无与伦比。按东山庙为王珣祠堂，亦称短簿祠，因珣身材短小，曾为主簿，后人戏称'短簿'。清汪琬诗：'家临绿水长洲苑，人在青山短簿祠。'陈鹏年诗：'春风再扫生公石，落照仍衔短簿祠。'怀古情深，写景入画，传诵于世。今堆叠黄石大假山一座，天然景色，破坏无余。盖虎丘一小阜耳，能与天下名山争胜，以其寺里藏山，小中见大，剑池石壁，浅中见深，历代名流题咏殆遍，为之增色。今在真山面前堆假山，小题大做，弄巧成拙，足下见之，亦当扼腕太息，徒呼负负也。"此说与鄙见合，恐主其事者，不征文献，不谙古迹与名胜之史实，并有一"大"字在脑中作怪也。

风景区之经营，不仅安排景色宜人，而气候亦须宜人。今则往往重景观，而忽视局部小气候之保持，景成而气候变矣。七月间到西湖，园林局邀游金沙港，初夏傍晚，余热未消，信步入林，溽暑无存，水佩风来，几入仙境，而流水淙淙，绿竹猗猗，隔湖南山如黛，烟波出没，浅淡如水墨轻描，正有"独笑熏风更多事，强教西子舞霓裳"之概。我本湖上人家，却从未享此清福。若能保持此与外界气候不同之清凉世界，即该景区规划设计之立意所在，一旦破坏，虽五步一楼，十步一阁，亦属虚设，盖悖造园之理也。金沙港应属水泽园，故建筑、桥梁等均宜贴水，依水，映带左右，而茂林修竹，清风自引，气候凉爽，绿云摇曳，荷香轻溢，野趣横生。"黄茅亭子小楼台，料理溪山煞费才。"能配以凉馆竹阁，益显西子淡妆之美，保此湖上消夏一地，他日待我杖履其境，从容可作小休。

吴江同里镇，江南水乡之著者，镇环四流，户户相望，家家临河，因水成街，因水成市，因水成园。任氏退思园于江南园林中独辟蹊径，具贴水园之特例。山、亭、馆、廊、轩、榭等皆紧贴水面，园如浮水上。其与苏州网师园诸景依水而筑者，予人以不同景观，前者贴水，后者依水。所谓依水者，因假山与建筑物等皆环水而筑，唯与水之关系尚有高下远近之别，遂成贴水园与依水园两种格局。皆因水制宜，其巧妙构思则又有所别，设计运思，于此可得消息。余谓大园宜依水，小园重贴水，而最关键者则在水位之高低。我国园林用水，以静止为主，清许周生筑园杭州，名"鉴止水斋"，命意在此，源出我国哲学思想，体现静以悟动之辩证观点。

水曲因岸，水隔因堤，移花得蝶，买石绕云，因势利导，自成佳趣。山容水色，善在经营，中小城市有山水能凭藉者，能做到有山皆是园，无水不成景，城因景异，方是妙构。

济南珍珠泉，天下名泉也。水清浮珠，澄澈晶莹。余曾于朝曦中饮露观泉，爽气沁人，境界明静，奈何重临其地，已异前观，黄石大山，狰狞骇人，高楼环压，其势逼人，杜甫咏《望岳》"会当凌绝顶，一览众山小"之句，不意于此得之。山小楼大，山低楼高，溪小桥大，溪浅桥高。汽车行于山侧，飞轮扬尘，如此大观，真可说是不古不今，不中不西，不伦不类。造园之道，可不慎乎？

反之，潍坊十笏园，园甚小，故以十笏名之。清水一池，山廊围之，轩榭浮波，极轻灵有致。触景成咏："老去江湖兴未阑，园林佳处说般般；亭台虽小情无限，别有缠绵水石间。"北国小园，能饶水石之胜者，以此为最。

泰山有十八盘，盘盘有景，景随人移，气象万千，至南天门，群山俯于脚下，齐鲁青青，千里未了，壮观也。自古帝王，登山封禅，翠华临幸，高山仰止。如易缆车，匆匆而来，匆匆而去，景游与货运无异。而破坏山景，固不待言，实不解登十八盘参玉皇顶而小天下宏旨。余尝谓旅与游之关系，旅须速，游宜缓，相背行事，有负名山。缆车非不可用，宜于旅，不宜于游也。

名山之麓，不可以环楼、建厂，盖断山之余脉矣。此种恶例，在在可见。新游南京燕子矶、栖霞寺，人不到景点，不知前有景区，序幕之曲，遂成绝响，主角独唱，鸦噪聒耳。所览之景，未允环顾。燕子矶仅临水一面尚可观外，余则黑云滚滚，势袭长江。坐石矶戏为打油诗："燕子燕子，何不高飞，久栖于斯，坐以待毙。"旧时胜地，不可不来，亦不可再来。山麓既不允建高楼工厂，而低平建筑却不能缺少，点缀其间，景深自幽，层次增多，亦远山无脚之处理手法。

近年风景名胜之区，与工业矿藏矛盾日益尖锐。取蛋杀鸡之事，屡见不鲜，如南京正在开幕府山矿石，取栖霞山之银矿。以有烟工厂而破坏无烟工厂，以取之可尽之资源，而竭取之不尽之资源，最后两败俱伤，同归于尽。应从长远观点来看，权衡轻重，深望主其事者切莫等闲视之。古迹之处应以古为主，不协调之建筑万不能移入。杭州北高峰与南京鼓楼之电视塔，真是触目惊心。在此等问题上，应明确风景区应以风景为主，名胜古迹应以名胜古迹为主，其他一切不能强加其上。否则，大好河山、祖国文化，将损毁殆尽矣。

唐代白居易守杭州，浚西湖筑白沙堤，未闻其围垦造田。宋代苏轼因之，清代阮元继武前贤，千百年来，人颂其德，建苏白二公祠于孤山之阳。郁达夫有"堤柳而今尚姓苏"之句美之。城市兴衰，善择其要而谋之，西湖为杭州之命脉，西湖失即杭州衰。今日定杭州为旅游风景城市，即基于此。至于城市面貌亦不能孤立处理，务使山水生妍，相映增色。沿钱塘江诸山，应加以修整，襟江带湖，实为杭州最胜处。

古迹之区，树木栽植，亦必心存"古"字，南京清凉山，门额颜曰："六朝遗迹。"入其内，雪松夹道，岂六朝时即植此树耶？古迹新装，洋为中用，令人朵颐。古迹之修复，非仅建筑一端而已，其环境气氛，陈设之得体，在在有史可据。否则何言古迹？言名胜足矣。"无情最是台城柳，依旧烟笼十里堤。"此意谁知？近人常以个人之喜爱，强加于古人之上。蒲松龄故居，藻饰有如地主庄园，此老如在，将不认其书生陋室。今已逐渐改观，初复原状，诚佳事也。

园林不在乎饰新，而在于保养；树木不在乎添种，而在于修整。山必古，水必活，草木华滋，好鸟时鸣，四时之景，无不可爱。园林设市肆，非其所宜，主次务必分明。园林建筑必功能与形式相结合，古时造园，一亭一榭，几曲回廊，皆据实际需要出发，不多筑，不虚构，如作诗行文，无废词赘句。学问之道，息息相通。今之园思考欠周，亦如文之推敲不够。园所以兴游，文所以达意。故余谓绝句难吟，小园难筑，其理一也。

王时敏《乐郊园分业记》："……适云间张南垣至，其巧艺直夺天工，怂恿为山甚力……因而穿池种树，标峰置岭，庚申（明太昌元年，一六二〇年）经始，中间改作者再四，凡数年而后成，磴道盘纡，广池潆泆，周遮竹树蓊郁，浑若天成，而凉台邃阁，位置随宜，卉木轩窗，参错掩映，颇极林壑台榭之美。"以张南垣（涟）之高技，其营园改作者再四，益证造园施工之重要，间亦必需要之翻工修改，必须留有余地。凡观名园，先论神气，再辨时代，此与鉴定古物，其法一也。然园林未有不经修者，故首观全局，次审局部，不论神气，单求枝节，谓之舍本求末，难得定论。

巨山大川，古迹名园，首在神气。五岳之所以为天下名山，亦在于"神气"之旺。今规划风景，不解"神气"，必至庸俗低级，有污山灵。尝见江浙诸洞，每以自然抽象之山石，改成恶俗之形象，故余屡称"还我自然"。此仅一端，人或尚能解之者；它若大起华厦，畅开公路，空悬索道，高竖电塔，凡兹种种，山水神气之劲敌也，务必审慎，偶一不当，千古之罪人矣。

园林因地方不同，气候不同，而特征亦不同。园林有其个性，更有其地方性，故产生园林风格，亦因之而异。即使同一地区，亦有市园、郊园、平地园、山麓园等之别。园与园之间，亦不能强求一律，而各地文化艺术、风土人情、树木品异、山水特征等等，皆能使园变化万千，如何运用，各臻其妙者，在于设计者之运思。故言造园之学，其识不可不广，其思不可不深。

恽寿平论画云："潇洒风流谓之韵，尽变奇穷谓之趣。"不独画然，造园置景，亦可互参。今之造园，点景贪多，便少韵致。布局贪大，便少佳趣，韵乃自书卷中得来，趣必从个性表现。一年游踪所及，评量得失，如此而已。

说园（五）

《说园》首篇余既阐造园动观静观之说，意有未尽，续畅论之。动静二字，本相对而言，有动必有静，有静必有动，然而在园林景观中，静寓动中，动由静出，其变化之多，造景之妙，层出不穷，所谓通其变，遂成天下之文。若静坐亭中，行云流水，鸟飞花落，皆动也。舟游人行，而山石树木，则又静止者。止水静，游鱼动，静动交织，自成佳趣。故以静观动，以动观静，则景出。"万物静观皆自得，四时佳景与人同。"事物之变，概乎其中。若园林无水、无云、无影、无声、无朝晖、无夕阳，则无以言天趣，虚者，实所倚也。

静之物，动亦存焉。坐对石峰，透漏俱备，而皴法之明快，线条之飞俊，虽静犹动。水面似静，涟漪自动。画面似静，动态自现。静之物若无生意，即无动态。故动观静观，实造园产生效果之最关键处，明乎此，则景观之理得初解矣。

质感存真，色感呈伪，园林得真趣，质感居首，建筑之佳者，亦有斯理，真则存神，假则失之。园林失真，有如布景。书画失真，则同印刷。故画栋雕梁，徒眩眼目。竹篱茅舍，引人遐思。《红楼梦》"大观园试才题对额"一回，曹雪芹借宝玉之口，评稻香村之作伪云："此处置一田庄，分明是人力造作而成。远无邻村，近不负郭，背山无脉，临水无源，高无隐寺之塔，下无通市之桥，峭然孤出，似非大观，那及先处（指潇湘馆）有自然之理，得自然之趣呢？虽种竹引泉，亦不伤穿凿。古人云'天然图画'四字,正恐非其地而强为其地,非其山而强为其山,即百般精巧,终非相宜。"所谓"人力造作",所谓"穿凿"者,伪也。所谓"有自然之理,得自然之趣"者,真也。借小说以说园,可抵一篇造园论也。

郭熙谓:"水以石为面。""水得山而媚。"自来模山范水,未有孤立言之者。其得山水之理,会心乎此,则左右逢源。要之此二语,表面观之似水石相对,实则水必赖石以变。无石则水无形、无态,故浅水露矶,深水列岛。广东肇庆七星岩,岩奇而水美,矶濑隐现波面,而水洞幽深,水湾曲折,水之变化无穷,若无水,则岩不显,岸无形。故两者决不能分割而论,分则悖自然之理,亦失真矣。

一园之特征,山水相依,凿池引水,尤为重要。苏南之园,其池多曲,其境柔和。宁绍之园,其池多方,其景平直。故水本无形,因岸成之,平直也好,曲折也好,水口堤岸皆构成水面形态之重要手法。至于水柔水刚,水止水流,亦皆受堤岸以左右之。石清得阴柔之妙,石顽得阳刚之健,浑朴之石,其状在拙;奇突之峰,其态在变,而丑石在诸品中尤为难得,以其更富于个性,丑中寓美也。石固有刚柔美丑之别,而水亦有奔放宛转之致,是皆因石而起变化。

荒园非不可游,残篇非不可读,须知佳者虽零锦碎玉亦是珍品,犹能予人留恋,存其珍耳。龚自珍诗云:"未济终焉心飘渺,万事都从缺陷好;吟到夕阳山外山,世间难免余情绕。"造园亦必通此消息。

"春见山容,夏见山气,秋见山情,冬见山骨。""夜山低,晴山近,晓山高。"前人之论,实寓情观景,以见四时之变。造景自难,观景不易。"泪眼问花花不语。"痴也。"解释春风无限恨",怨也。故游必有情,然后有兴,钟情山水,知己泉石,其审美与感受之深浅,实与文化修养有关。故我重申:不能品园,不能游园。不能游园,不能造园。

造园,综合性科学、艺术也,且包含哲理,观万变于其中。浅言之,以无形之诗情画意,构有形之水石亭台,晦明风雨,又皆能促使其景物变化无穷,而南北地理之殊,风土人情之异,更加因素增多。且人游其间,功能各取所需,绝不能以幻想代替真实,故造园脱离功能,固无佳构;究古园而不明当时社会及生活,妄加分析,正如汉儒释经,转多穿凿。因此,古今之园,必不能陈陈相因,而丰富之生活,渊博之知识,要皆有助于斯。

一景之美，画家可以不同笔法表现之，文学家可以不同角度描写之。演员运腔，各抒其妙，哪宗哪派，自存面貌。故同一园林，可以不同手法设计之，皆由观察之深，提炼之精，特征方出。余初不解宋人大青绿山水以朱砂作底，色赤，上敷青绿，迨游中原嵩山，时值盛夏，土色皆红，所被草木尽深绿色，而楼阁参差，金碧辉映，正大小李将军之山水也。其色调皆重厚，色度亦相当，绚烂夺目，中原山川之神乃出。而江南淡青绿山水，每以赭石及草青打底，轻抹石青石绿，建筑勾勒间架，衬以淡赪，清新悦目，正江南园林之粉本。故立意在先，协调从之，自来艺术手法一也。

余尝谓苏州建筑与园林，风格在于柔和，吴语所谓"糯"。扬州建筑与园林，风格则多雅健。如宋代姜夔词，以"健笔写柔情"，皆欲现怡人之园景，风格各异，存真则一。风格定始能言局部单体，宜亭斯亭，宜榭斯榭。山叠何派，水引何式，必须成竹在胸，才能因地制宜，借景有方，亦必循风格之特征，巧妙运用之。选石择花，动静观赏，均有所据，故造园必以极镇静而从容之笔，信手拈来，自多佳构。所谓以气胜之，必整体完整矣。

余闽游观山，秃峰少木，石形外露，古根盘曲，而山势山貌毕露，分明能辨何家山水，何派皴法，能于实物中悟画法，可以画法来证实物。而闽溪水险，矶濑激湍，凡此琐琐，皆叠山极好之祖本。它如皖南徽州、浙东方岩之石壁，画家皴法，方圆无能。此种山水皆以皴法之不同，予人以动静感觉之有别，古人爱石、面壁，皆参悟哲理其中。

填词有"过片（变）"（亦名"换头"），即上半阕与下半阕之间，词与意必须若接若离，其难在此。造园亦必注意"过片"，运用自如，虽千顷之园，亦气势完整，韵味隽永。曲水轻流，峰峦重叠，楼阁掩映，木仰花承，皆非孤立。其间高低起伏，阔畅透迤，处处皆有"过片"，此过渡之笔在乎各种手法之适当运用。即如楼阁以廊为过渡，溪流以桥为过渡。色泽由绚烂而归平淡，无中间之色不见调和，画中所用补笔接气，皆为过渡之法，无过渡则气不贯、园不空灵。虚实之道，在乎过渡得法，如是，则景不尽而韵无穷，实处求虚，正曲求余音，琴听尾声，要于能察及次要，而又重于主要，配角有时能超于主角之上者。"江流天地外，山色有无中。"贵在无胜于有也。

城市必须造园，此有关人民生活，欲臻其美，妙在"借"、"隔"，城市非不可以借景，若北京三海，借景故宫，嵯峨城阙，杰阁崇殿，与李格非《洛阳名园记》所述："以北望则隋唐宫阙楼殿，千门万户，岧峣璀璨，延亘十余里，凡左太冲十余年极力而赋者，可瞥目而尽也。"但未闻有烟囱近园，厂房为背景者。有之，唯今日之苏州拙政园、耦园，已成此怪状，为之一叹。至若能招城外山色，远寺浮屠，亦多佳例。此一端在"借"，而另一端在"隔"。市园必隔，俗者屏之。合分本相对而言，亦相辅而成，不隔其俗，难引其雅，不掩其丑，何逗其美。造景中往往有能观一面者，有能观两面者，在乎选择得宜。上海豫园萃秀堂，乃尽端建筑，厅后为市街，然面临大假山，深隐北麓，人留其间，不知身处市嚣中，仅一墙之隔，判若仙凡，隔之妙可见。故以隔造景，效果始出。而园之有前奏，得能渐入佳境，万不可率尔从事，前述过渡之法，于此须充分利用。江南市园，无不皆存前奏。今则往往开门见山，唯恐人不知其为园林。苏州怡园新建大门，即犯此病，沧浪亭虽属半封闭之园，而园中景色，隔水可呼，缓步入园，前奏有序，信是成功。

旧园修复，首究园史，详勘现状，情况彻底清楚，对山石建筑等作出年代鉴定，特征所在，然后考虑修缮方案。如裱古画接笔须反复揣摩，其难有大于创作，必再三推敲，审慎下笔。其施工程序，当以建筑居首，木作领先，水作为辅，大木完工，方可整池、修山、立峰，而补树添花，有时须穿插行之，最后铺路修墙。油漆悬额，一园乃成，唯待家具之布置矣。

造园可以遵古为法，亦可以洋为师，两者皆不排斥。古今结合，古为今用，亦势所必然，若境界不究，风格未求，妄加抄袭拼凑，则非所取。故古今中外，造园之史，构园之术，来龙去脉，以及所形成之美学思想，历史文化条件，在在须进行探讨，然后文有据，典有征，古今中外运我笔底，则为尚矣。古人云："临画不如看画，遇古人真本，向上研求，视其定意若何，偏正若何，安放若何，用笔若何，积墨若何，必于我有出一头地处，久之自然吻合矣。"用功之法，足可参考。日本明治维新之前，学习中土，明治维新后效法欧洲，近又模仿美国，其建筑与园林，总表现大和民族之风格，所谓有"日本味"。此种现状，值得注意。至于历史之研究自然居首重地位，试观其图书馆所收之中文书籍，令人瞠目，即以《园冶》而论，我国亦转录自东土。继以欧美资料亦汗牛充栋，而前辈学者，如伊东忠太、常盘大定、关野贞等诸先生，长期调查中国建筑，所为著作，至今犹存极高之学术地位，真表现其艰苦结实之治学态度与方法，以抵于成，在得力于收集之大量直接与间接资料，由博反约。他山之石，可以攻玉。园林重"借景"，造园与为学又何独不然。

园林言虚实，为学亦若是。余写《说园》，连续五章，虽洋洋万言，至此江郎才尽矣。半生湖海，踏遍名园，成此空论，亦自实中得之。敢贡己见，求教于今之方家。老去情怀，期有所得，当秉烛赓之。

有法无式格自高

园林设计有法而无式，兹据现状，略作具体分析：

江南园林占地不广，然千岩万壑，清流碧潭，皆宛然如画，正如《履园丛话》所说："造园如作诗文，必使曲折有法。"因此对于山水、亭台、厅堂、楼阁、曲池、方沼、花墙、游廊等的安排，必使风花雪月，光景常新，不落窠臼，始为上品。对于总体布局及空间处理，务使观之不尽，极尽规划之能事。

总体布局可分为以下几种：

以水为主题的，其佳构多循"水随山转，山因水活"这基本原则。或贯以小桥、或绕以游廊，间列亭台楼阁，大者中列岛屿。此类如苏州网师园、怡园等。而庙堂巷畅园，地颇狭小，一水居中，绕以廊屋，宛如盆景。

园林之水，首在寻源，无源之水必成死水。但园林面积既小，欲使有汪洋之概，则在于设计得法。其法有二：一、池面利用不规则的平面，间列岛屿，上贯以小桥，使人望去不觉一览无遗；二、留心曲岸水口的设计，故意做成许多湾头，望之仿佛有许多源流，如是，则水来去无尽头，有深壑藏幽之感。至于曲岸水口之利用芦苇，杂以菰蒲，则更显得隐约迷离，这要在较大的园林应用才妙。留园活泼泼地水榭临流，溪至树下势已尽，但亦流入一小部分，俯视之下，若榭跨溪上，水不觉终止。沧浪亭以山为主，但西部的步埼廊突然逐渐加高，高瞰水潭，自然临渊莫测。苏州艺圃和上海豫园之桥与水几平，反之两岸山石愈显高峻了。怡园之桥，虽低于山，似嫌与水尚有一些距离。至于小溪作桥，在对比之下，其情况何如，不难想象。古人改用"点其步石"的方法，则更为自然有致。瀑布除环秀山庄、扬州汪氏小苑檐瀑外，它则罕有。

基地积水弥漫而占地广，布置遂较自由。如拙政园能发挥开朗变化的特色，其中部的一些小山，平冈小坡，曲岸回沙，都是运用人工方法来符合自然的意趣。池水聚分大小有别，大园宜分，小园宜聚，然聚必以分为辅，分必主次有序。网师园与拙政园是两个佳例，皆苏州园林上品。

前水后山，堂筑于水前，坐堂中穿水遥对山石，而堂则若水榭，横卧波面，苏州艺圃布局即如是。

至于中列山水，四周环以楼及廊屋，高低错落，迤逦相续，与中部山石相呼应，如苏州耦园东部者，在苏州尚不多见。

其次以山石为全园之主题，如环秀山庄，因该园无水源可得，无洼地可利用，故以山石为主题使其突出，固设计中一法。更略引水泉，俾山有生机，岩现活态，苔痕鲜润，草木华滋，宛然若真山水了。

至于用石，明代以至清初园林，崇尚自然，多利用原有地形，略加整理。其所用石，在苏州大体以黄石为主，如拙政园中部二小山及绣绮亭下者。黄石虽无湖石玲珑剔透，然掇石有法，反觉浑成，既无矫揉造作之态，且无累石之险。到清代造园，率皆以湖石叠砌，贪多好奇，每以湖石之多少与一峰之优劣，与他园计较短长。试以怡园而论，购洞庭山三处废园之石累积而成，一峰一石，自有上选，即其一例。环秀山庄改建于乾隆间，数弓之池，深溪幽壑，势若天成，其竖石运用宋人山水斧劈皴法，再加镶嵌，简洁遒劲。其水则迂回曲折，山石处处滋润，苍岩欣欣欲活，诚为江南园林的杰构。设计者必须胸有丘壑，叠山造石才可挥洒自如。

掇山既须以原有地形为据，而自然之态又变化多端，无一定成法，不过自然的形态，亦有一定的规律可寻。能通乎师造化之理，从自然景物加以分析，证以古人作品，评其妍媸，撷其菁华，当可构成最美的典型。奈何苏州所见晚期园林，十九已程序化，从不在整体考虑，每以亭台池馆，妄加拼凑。尤以掇山造石，皆举一峰片石，视之为古董，对花树的衬托，建筑物的调和等，则有所忽略。这是今日园林设计者要引以为鉴的。

中国园林除水石池沼外，建筑物如厅、堂、斋、台、亭、榭、轩、巷、廊等，也是构成园林的主要部分。然江南园林以幽静雅淡为主，故建筑物要轻巧，方始相称，所以在建筑物的地点、平面以及外观上不能不注意。凡园圃立基，先定厅堂景致，"妙在朝南，倘有乔木数株，仅就中庭一二"。江南苏州园林尚守是法，如拙政园远香堂、留园涵碧山房等皆是。至于楼台亭阁的布置，虽无定法，但按基形成，格式随宜，花间隐榭，水际安亭，还是要设计人从整体出发，加以灵活应用。古代讨论造园的书籍如《园冶》《长物志》《工段营造录》等，虽有述及，最后亦指出其不能守为成法的。试以拙政园而论，自高处俯视，建筑物虽然是随宜安排，但是其方向还是直横有序。其外观给人的感觉是轻快为主，平面正方形、长方形、多边形、圆形等皆有，屋顶形式则有歇山、硬山、悬山、攒尖等[1]，而无庑殿式[2]。且多用"水戗发戗"[3]的飞檐起翘，因此飞檐起翘低而外观轻快。檐外玲珑的挂落，柱间微弯的吴王靠[4]，都能取得一致的效果。建筑物在立面的处理，以留园中部而论，自闻木樨香轩东望，对景主要建筑物是曲溪楼，用歇山顶，其外观在第一层做成仿佛台基的形状，与水相平行的线脚与上层分界，虽系两层，看去不觉其高耸。尤其曲溪楼、西楼、清风池馆三者的位置各有前后，屋顶立面皆在同中寓不同，与下部的立峰水石都很相称。古木一树斜横波上，益增苍古，而墙上的砖框漏窗，上层的窗台与墙面虚实的对比，疏淡的花影，都是苏州园林特有的手法，倒影水中，其景更美。明瑟楼与涵碧山房相邻，前者为卷棚歇山，后者为卷棚硬山，然两者相联，不能不用变通的办法。

---

① 歇山、硬山、悬山、攒尖，均为中国传统建筑屋顶的形式。歇山顶，由四个倾斜的屋面，一条正脊、四条垂脊、四条戗脊（垂脊下端岔向四隅之脊）组成的屋顶形式。硬山顶，人字形屋顶，只前后两坡用屋顶，两侧山墙与屋面齐平。悬山顶，人字形屋顶之一，屋面两侧伸出山墙之外。攒尖，尖锥形屋顶，随建筑平面形状有方、圆或正多边形等样式（后附重檐歇山顶、硬山顶、悬山顶、圆攒尖顶图）。

② 庑殿式，中国传统建筑屋顶形式之一，由四个倾斜的屋面，一条正脊和四条斜脊组成，屋角和屋檐向上起翘，屋面略呈弯曲（后附重檐庑殿顶图）。

③ 水戗发戗就是用石灰与泥等做成的假起翘。

④ 吴王靠，指一种庄重的柱式，柱形微弯，颇具曲线美。

注一：歇山、硬山、悬山、攒尖，均
为中国传统建筑屋顶的形式。

歇山顶，由四个倾斜的屋面，一条正
脊、四条垂脊、四条戗脊（垂脊下
端岔向四隅之脊）组成的屋顶形式。

硬山顶，人字形屋顶。只前后两坡
用屋顶，两侧山墙与屋面齐平。

重檐歇山顶

硬山顶

悬山顶，人字形屋顶之一。屋面两侧
伸出山墙之外。

攒尖，尖锥形屋顶。随建筑平面形状有方、
圆或正多边形等样式。

悬山顶

圆攒尖顶

注二：庑殿式，中国传统建筑屋顶形式之一，
由四个倾斜的屋面，一条正脊和四条斜
脊组成，屋角和屋檐向上起翘翘，屋面
略呈弯曲。

注三：水戗发戗是用石灰与泥等做成的假起翘。

注四：吴王靠，指一种庄重的柱式，柱形微弯，
颇具曲线美。

注五：卷棚式，中国传统建筑，双坡屋顶形式
之一，特点是两坡相处成弧形曲面无明
显屋脊。

重檐庑殿顶

卷棚顶

中国传统建筑屋顶形式

　　明瑟楼歇山山面仅作一面，另一面用垂脊，不但不觉得其难看，反觉生动有变化。他如畅园因基地较狭长，中为水池，水榭无法安排，卒用单面歇山，实同出一法。西部舒啸亭、至乐亭，前者小而不见玲珑，后者屋顶虽多变化，亦觉过重，都是比例上的缺陷。江南苏州筑亭，晚近香山匠师每将屋顶提得过高，但柱身又细，整个外观未必真美。反视明代遗构艺圃，屋顶略低，较平稳得多。总之单体建筑，必然要考虑到全园的整个关系才是。至于平面变化，虽洞房曲户，亦必做到曲处有通，实处有疏。小型轩馆，一间、两间，或两间半均可，皆视基地，位置得当。如拙政园海棠春坞，面阔两间，一大一小，宾主分明。留园揖峰轩，面阔两间半，而尤妙于半间。建筑物的高下得势，左右呼应，虚实对比，在在都须留意。苏州程氏园虽小，书房部分自成一区，极为幽静。其装修与铁瓶巷住宅东西花厅、顾宅花厅、网师园、西百花巷程氏园、大石巷吴宅花厅等，都是苏州园林中之上选。怡园旧装修几不存，而旱船为江南一带之尤者，所遗装修极精。

　　园林游廊为园林中的脉络，在园林建筑中处极重要地位。今日苏州园林中常见者为复廊，廊系两面游廊中隔以粉墙，间以漏窗，使墙内外皆可行走。此种廊大都用于不封闭的园林，如沧浪亭的沿河。或一园中须加以间隔，欲使空间扩大，并使入门有所过渡，如怡园的复廊，便是一例，此廊显然仿自沧浪亭。游廊还可阻朔风与西向阳光，阳光通过廊上漏窗，其图案更觉玲珑剔透。游廊有陆上、水上之分，又有曲廊、直廊之别。造廊忌平直生硬，但过分求曲，亦觉生硬勉强，网师园及拙政园西部水廊小榭，下部用镂空之砖，似为较胜。拙政园旧时柳荫路曲，临水一面栏杆用木制，另一面上安吴王靠，是有道理的。水廊佳者，如拙政园西部的，不但有极佳的曲折，并有适当的坡度，诚如《园冶》所云的"浮廊可渡"，允称佳构。尤其可取的就是曲处湖石芭蕉，配以小榭，更觉有变化。爬山游廊，在苏州园林中的狮子林、留园、拙政园，仅点缀一二，大都用于园林边墙部分。设计此种廊时，应注意到坡度与山的高度问题，运用不当，顿成头重脚轻，上下不协调。在地形狭宽不同的情况下，可运用一面坡，或一面坡与两面坡并用，如留园西部爬山廊。曲廊的曲处是留虚的好办法，随便点缀一些竹石、芭蕉，都是极妙的小景。李斗①云："板上甃砖谓之向廊，随势曲折谓之游廊……入竹为竹廊，近水为水廊。花间偶出数尖，池北时来一角，或依悬崖，故作危槛，或跨红板，下可通舟，递逶于楼台亭榭之间，而轻好过之。廊贵有阑，廊之有阑，如美人服半臂，腰为之细。其上置板为飞来椅，亦名美人靠，其中广者为轩。"言之尤详，可资参考。今日更有廊外植芭蕉，呼为蕉廊，植柳呼为柳廊，夏日人行其间，更觉翠色侵衣，溽暑全消。冬日则阳光射入，温和可喜，用意至善。而古时以廊悬画称画廊，今日壁间嵌诗条石，都是极好的应用。

园林中水面之有桥，正如陆路之有廊，重要可知。苏州园林习见之桥，一种为梁式石桥，可分直桥、九曲桥、五曲桥、三曲桥、弧形桥等，其位置有高于水面与岸相平的，有低于两岸浮于水面的。以时代而论，后者似较旧，苏州艺圃、怡园及无锡寄畅园、常熟诸园所见的，都是如此。它所表现的效果有二：第一，桥与水平，则游者凌波而过，水益显汪洋，桥更觉其危了；第二，桥低则山石建筑愈形高峻，与丘壑高楼自然成强烈对比。无锡寄畅园假山用平冈，其后以惠山为借景，冈下幽谷间施以梁式桥，诚能发挥明代园林设计之高度技术。今日梁式桥往往不照顾地形，不考虑本身大小，随便安置，实属非当。尤其栏杆之高度、形式，都要与全桥及环境作一番研究才是。上选者，如艺圃小桥、拙政园倚虹桥都是。拙政园中部的三曲五曲之桥，栏杆比例还好，可惜桥本身略高一些。待霜亭与雪香云蔚亭二小山之间石桥，仅搁一石板，不施栏杆，极尽自然质朴之意，亦佳构。另一种为小型环洞桥，狮子林、网师园都有。以此二桥而论，前者不及后者为佳，因环洞桥不适宜建于水中部，水面既小，用环洞桥中阻，遂显庞大质实，无空灵之感。网师园之环洞桥建于东部水尽头，桥本身又小，从西东望，辽阔的水面中倒影玲珑，反之，自桥西望，亭台映水，用意相同。至于小溪，《园冶》所云"点其步石"的办法，尤能与自然相契合，实远胜架桥其上。可是此法，今日差不多已成绝响了。

《清闲供》云："门内有径，径欲曲。""室旁有路，路欲分。"园林的路，今日我们在苏州园林所见，还能如此。拙政园中部道路，犹守明时旧规，从原来地形出

---

① 李斗，清代文人，生卒年不详，著有《扬州画舫录》，其中有专章记述扬州园林的文字。

发,加以变化,主次分明,曲折有度。环秀山庄面积小,小路不能不略作迂盘,但亦能恰到好处,有引人入胜之概。然狮子林中道路,却故作曲折,背自然之理,使人莫知所从。

铺地,在园林建设中亦是一件重要的工作,不论庭前、曲径、主路,皆须极慎重考虑。今日苏州园林所见,有侧砖铺于主路,施工简单,拼凑图案自由。碎石地,用碎石侧铺,可用于主路、小径、庭前,上面间有用缸片点缀一些图案。或缸片侧铺,间以瓷片,用法同前。鹅子地或鹅子间加瓷片拼凑成各种图案,称"花界",比上述的要细致雅洁得多。冰裂地则用于庭前,其结构有二:其一即冰纹石块平置地面,如拙政园远香堂前的,颇饶自然之趣,然亦有不平稳的流弊。其二则冰纹石交接处皆对卯拼成,施工难而坚固,如留园涵碧山房前,极为工整。至于庭前踏跺用天然石叠,如拙政园远香堂及留园五峰仙馆前的,皆饶野趣。

园林的墙,有乱石墙、磨砖墙、漏砖墙、白粉墙等数种。苏州今日所见,以白粉墙为最多,外墙有在顶部开漏窗的,内墙间开漏窗及砖框的,所谓粉墙花影,为人乐道。磨砖墙,园内仅建筑物上酌用之,园门十之八九贴以水磨砖砌成图案,如拙政园大门。乱石墙只见于墙的下半部裙肩处。西园以水花墙区分水面,亦别具一格。

对联和匾额为中国园林中不可少的一件重要点缀品。苏州又为人文荟萃之区,当时园林建造亦有文人画家参与,因此山林岩壑,一亭一榭,莫不用极典雅美丽的辞句来形容,使游者入其地,览景生情,这些辞句就是这个环境中最恰当的文字描述。例如,拙政园的远香堂和留听阁,同样是一个赏荷花的地方,前者出自北宋周敦颐语"香远益清"句,后者出自唐李商隐"留得残荷听雨声"句。留园的闻木樨香轩、拙政园的海棠春坞,是根据所种的树木来命名的。游者至此,当能体味出许多文学中的境界,这不能不说是中国园林的一个特色。苏州诸园皆有好的题辞,而怡园诸联集宋词,更能曲尽其意。至于题匾用料,因防园林风大,故十之八九用银杏木阴刻,填以石绿;或用木阴刻后髹漆敷色,色彩都用冷色。亦有用砖刻的,雅洁可爱。字体以篆隶行书为多,罕用正楷,取其古朴自然,与园中景配合方妙。

园林植树,其重要不待细述。苏州园林常见的树种,如拙政园,大树植榆、枫、杨等。留园中部多银杏,西部则漫山枫树。怡园面积小,故植以桂、松及白皮松,尤以白皮松树虽小而姿态古拙,在小园中最显姿态。他则杂以松、梅、棕树、黄杨等生长较为迟缓的树种。其次,园小垣高,阴地多而阳地少,于是墙阴必植耐寒植物,如女贞、棕树、竹之类。岩壑必植松、柏之类乔木。阶下石隙之中,植长绿阴性草类。全园中常绿植物多于落叶植物,则四季咸青,不致秋冬髡秃无物了。至于乔木,若枫杨、朴、榆、槐、柠、枫等,每年修枝,使其姿态古拙入画。此种树的根部甚美,尤以榆树及枫、杨,树龄大愈老,身空皮留,老干抽条,葱翠如画境。今日苏州园林中之山巅栽树,大致有两种情况:第一类,山巅山麓只植大树,而虚其根部,使可欣赏其根部与山石之美,如留园与拙政园的一部分。第二类,山巅山麓树木皆出丛竹或灌木之上,山石并攀以藤萝,使望去有深郁之感,如沧浪亭和拙政园的一部分。前者得倪瓒①飘逸画意,后者有沈周②沉郁之风。至于滨河低卑之地,则种柳、栽竹、植芦,墙阴栽爬山虎、修竹、天竹、秋海棠等,叶翠、花冷、实鲜,高洁耐赏。

园林栽花与树木同一原则,背阴且能略受阳光之地,栽植桂花、山茶之类。此二者开花一在秋,一在春初,都是群花未放之时。而姿态亦佳,掩映于奇石之间,冷隽异常。紫藤则入春后,一架绿荫,满树繁花,望之若珠光宝露。牡丹之作台,衬以纹石栏杆,实因牡丹宜高地向阳,兼以其花华丽,故不得不如此。其他若玉兰、海棠、牡丹、桂花等同栽庭前,谐音为"玉堂富贵",当然命意已不适于今日,但在开花的季节与花彩的安排上,前人未始不无道理的。桃李宜植林,适于远眺,此在苏州,仅范围大的如留园、拙政园可以酌用之。

植物的布置,在苏州园林中有两个原则:第一,用同一种树植之成林,如怡园听涛处植松,留园西部植枫,闻木樨香轩前植桂。但又必须考虑到高低疏密及与环境的关系。第二,用多种树同植,其配置如作画构图一样,更要注意树的方向及地势高低是否适宜于多种树性,树叶色彩的调和对比,常绿树与落叶树的多

---

① 倪瓒(1306~1374),元朝大画家,擅画水墨山水,自谓"逸笔草草,不求形似"、"聊写胸中逸气"。其"简中寓繁,似嫩实苍"的画风,对造林颇多启发。

② 沈周(1422~1495),明朝画家,擅画山水,取景江南山川和园林景物,其画多具园林意境。

少,开花季节的先后,树叶形态,树的姿势,树与石的关系。必须要做到片山多致,寸石生情,二者间是一个有机的联系才是。更需注意它与建筑物的式样、颜色的衬托,是否已做到"好花须映好楼台"的效果。水中植荷,似不宜多。荷多必减少水的面积,楼台缺少倒影,宜略点缀一二,亭亭玉立,摇曳生姿,隔水宛在水中央。据云昆山顾氏园藕植于池中石板底,石板仅凿数洞,俾不使其自由繁殖。又有池底置缸,植荷其内,用意相同。

江南园林在装修、选石、陈列上极为讲究,而用色则以雅淡为主。它与北方皇家园林的金碧辉煌,适成对比。江南住宅建筑所施色彩,在梁枋柱头皆用栗色,挂落用墨绿,有时柱头用黑色退光,都是一些暗色调,与白色墙面起了强烈的对比,而花影扶疏,又适当地调和了颜色的对比。且苏州园林皆与住宅相连,为养性读书之所,更应以清静为主。南宗山水画[①],水墨浅绛,略施淡彩,秀逸天成,早已印在士大夫及文人画家的脑海中。在这种影响下设计出来的园林,当然不会用重彩贴金了。加以江南炎热,朱红等暖色亦在所非宜。这样,园林的轻巧外观,秀茂的花木,玲珑的山石,柔媚的流水,和灰白的江南天色,都能相配合调和,予人的感觉是淡雅幽静。

中国园林还有一个特色,就是不论风雨晦明,在各种环境下,都能景色咸宜,予人不同的美感。如夏日的蕉廊、荷池,冬日的梅影、雪月,春日的繁花、丽日,秋日的红蓼、芦塘,虽四时之景不同,而景物无不适人。故有松风听涛、菰蒲闻雨、月移花影、雾失楼台等景致。造景来达到这些效果,主要在于设计者有高度的文学艺术修养,使理想中的境界付之实现。如对花影要考虑到粉墙,听风要考虑到松,听雨要考虑到荷叶,月色要考虑到柳梢,斜阳要考虑到梅竹等,安排一石一木,都寄托了丰富的情感,使得处处有情,面面生意,含蓄曲折,余味不尽。

---

① 唐代中国山水画开始盛行,有李思训父子着色山水及王维的写意、渲染画风。至明代董其昌始议分南北二大宗派之说,并对南宗水墨写意推崇备至。

园林清议

今天很高兴有机会来与大家谈园林问题和中国园林的特征。中国园林应该说是"文人园",其主导思想是文人思想,或者说士大夫思想,因为士大夫也属于文人。其表现特征就是诗情画意,所追求的是避去烦嚣,寄情山水,以城市山林化,造园就是山林再现的手法,而达明代造园家计成所说"虽由人作,宛自天开"的境界。

中国古代造园,当然离不了叠山,开始是模仿真山的大小来造,进而以真山缩小模型化,但皆不称意,看不出效果,最后,取山之局部,以小见大,抽象出之,叠山之技尚矣。明清两代的假山就是遵照这个立意而成的。今天遗下了很多的佳构,其构思也是一点一滴而来的。山石之外,建筑、水池、树木,组成巧妙的配合,体现了"诗情画意",而建筑在中国园林中又处主要地位,所谓亭台楼阁、曲廊画桥,因此谈到中国园林,便会出现这些东西。在这些如诗如画的园林里,便会触景生情,吟出好诗来,所以亭阁上面还有额联,文化水平高者,立即洞悉其奥妙,文化水平低者,藉着文字点景便能明白。正如老残到了济南大明湖,看见"四面荷花三面柳,一城山色半城湖",老残豁然领会了这里的特色,暗暗称道:"真个不错。"

文学艺术往往是由简到繁,由繁到简,造园也是如此。李格非的《洛阳名园记》没有叠石假山的记载。明清时才多假山，假山有洞有平台，水池方面有临水之建筑，有不临水之建筑。佛祖讲经，迦叶豁然了释，而众人却不懂，造园亦具如此特点。明代园林，山石水池厅堂，品类不多，安排得当，无一处雷同。清乾隆时，产生了空腹假山，当时懂得用 Arch(拱)，便用少量石头来堆大型假山。到晚清，作品趋于繁缛。然网师园能以简出之，遂成上品。而能臻乎上品者，关键在于悟，无悟便无巧。苏东坡亦是大园林家，他说："贫家净扫地，贫女巧梳头。"净即简，巧须悟。又云："不识庐山真面目，只缘身在此山中。"或曰："欲把西湖比西子，淡妆浓抹总相宜。"这景立即点出来了，造园不在花钱多，而要花思想多。二月间我到过香港，那里城门郊野公园的针峰一带，正是"横看成岭侧成峰，远近高低各不同"，造园家要指出与众不同的地方，那么景观便有特色了。

清乾隆以前，假山有实砌，有土包石；到乾隆时，建筑粗硕，雕刻纤细，装修栏杆亦华丽了；在嘉庆、道光间，戈裕良总结当时新兴叠山做法，推广了空腹假山。是利用少量山石来叠山，中空藏石室，气势雄健，而洞则以钩带法出之，不必加条石承重，发挥券拱的作用，再配以华丽高敞的建筑物，形成了乾隆时代园林的特色，这种手法，可谓深得巧的三昧。宋代李格非《洛阳名园记》未言叠山，亦是"巧"的构思，它是利用洛阳黄土地带的特殊性，用土洞，黄土高低所成的丘壑土壁来布置，因此说"因地制宜"是造园的基本要素。太平天国后，社会出现了虚假性的繁荣，假山以石作台，多花坛，叠山的艺术性衰退了，建筑物用材瘦弱，做工华而不实，是一个时期经济水平的反映。过去造园，园主喜购入旧园重整，这是聪敏办法，因为有基础，略事增饰即成名园。太平天国后，有些园林中原演昆曲，亭榭厅中皆可利用演出。自京剧盛行后，很多园林就有戏厅戏台的产生。园林中有读书、作画、吟咏、养性、会客等功能外，再掺入了社交性的娱乐。然而娱乐还不过逢场作戏，士大夫资本家炫富而已的设施。

建设大山水池树木本是慢的，苏州留园，在太平天国后修建时，加了大量建筑，很快便修复了。

造园未能离开功能而立意构思的，因为人要去居、游，而要社会经济基础、生活方式、意识形态、文化修养等多方面来决定，其水平高下要视文化。造园看主人，就是看文化，是十分精确的一句话。

计成在《园冶》中说过:"雕栋飞楹构易,荫槐挺玉成难。"中国园林,越到后期,建筑物越增多,最突出的是太平天国以后,"中兴"将领、皇家都是求速成园,有许多园林,山石花木在园中几乎仅起点缀作用。上海豫园原为明代潘氏园,是士大夫的园林,清代改为会馆,大兴土木,厅堂增多,形成会馆园,园性质改,景观也起变化,而意境更不用说了。文章书画演戏讲气质,园林亦复如是,中国人求书卷气,这一条是中国传统艺术的命脉,色彩方面,要雅洁存质感。假山用混凝土来造,素菜以荤而名,不真了。

真善美,三者在美学理论中讲得多了,造园也要讲真,真才能美。我说过"质感存真",虚假性的,终是伪品,过去园林中的楠木厅、柏木亭,都不髹漆,看上去雅洁悦目,真假山石终比水泥假山来得有天趣,清泉飞瀑终比喷水池自然,园林佳作必体现这真的精神,山光水色,鸟语花香,迎来几分春色,招得一轮明月,能居,能游,能观,能吟,能想,能留客,有此多端,谁不爱此山林一角呢!

能留客的园林是令人左右顾盼,令人想入非非,园林该留有余地,该令人遐想。

有时假的比真的好,所以要假中有真,真中有假,假假真真,方入妙境。

园林是捉弄人的,有真景,有虚景,真中有假,假中有真。因此,我题《红楼梦》的大观园有"红楼一梦真中假,大观园虚假幻真"之句。这样的园林含蓄不尽,能引入遐思。择境殊择交,厌直不厌曲,造园须曲,交友贵直,园能寓德,子孙多贤,故造园既为修身养性,而首重教育后代,用园林的意境感染人们读书、吟咏、书画、拍曲,以清雅的文化生活,从而培养成正直品高的人。因此造园者必先究理论研究与分析,无目的以园林建筑小品妄凑一起,此谓之园林杂拼。

中国造园有许多可继承的,继承的并非形式,是理论、"因借"手法,因就是因地制宜,借即借景。其他对景、对比、虚实、深浅、幽远、隔曲、藏露……以及动观、静观相对的处理规律,这是有其法而无式,灵活运用,以清新空灵出之,全在于悟。

过去造园,各园皆具特色,亦就是说如做文章,文如其人,面貌各异。现在造园,各地皆有园林管理机构、专职工程师、工程队,所以在风格上渐趋一律,至于若干旧园,不修则已,一修又顿异旧观,纳入相似规格,因此古人说"改园更比改诗难"。我很为若干历史上遗留下来的名园担心,再这样下去的话,共性日益增多,个性日渐减少,这个问题目前日见突出了,我们造园工作者,更应引起警惕。所以说不究园史,难以修园,休言造园。而"意境"二字,得之于学养,中国园林之所以称为文人园,实基于"文",文人作品,又包括诗文、词曲、书画、金石、戏曲、文玩……甚矣,学养之功难言哉。

此文就我浅见所及,提出来向大家求正,还望有所教我。

（此文一九八六年二月在香港中文大学报告,一九八六年九月修改后在日本建筑学会100周年年会报告）

贫女巧梳头

——谈中国园林

近几年来世界上掀起了中国园林热，从一九七八年冬，我去美国纽约大都会博物馆筹建"明轩"开始，海外不断地出现了中国园林，这说明了世界上的人对中国文化的爱好，这是值得欣慰的事。但是中国园林在现今时代抱什么态度来对待呢？有的是全部照搬的古典主义者，也有全盘否定的虚无主义者。继承也好革新也好，看来都不够全面的。我认为继承与革新两者并不矛盾，没有继承，何言革新，述古可以为今，继往可以开来，盲目的搬移，彻底的否定，也并不是发展的道路。那么中国园林有些什么可继承呢？

一种文化的形成，并不是无本之木，园林应该属于文化范畴，非土木绿化之事，它属于上层建筑，反映了一定的意识形态，由此而产生了园林创作。

中国园林首重意境，即所谓诗情画意，这种诗情画意，与中国的哲学美学文学思想是分不开的，亦就是说园林的设计者有这种思想感情，才能创造出他理想的园林，思想感情变了，爱好有了差异，当然园林产生意境也自然不同了。中国园林的那种闲适幽雅，并寓之以德的（就是以园林怡情养性，进行品德教育）超世脱俗的情调，也许可说是主导思想吧！因为要表达这种境界，当然要用许多手法，唐代的白居易在庐山之麓建草堂，以山为借景，尽收眼底，这种巧妙的手法，到明末计成将其总结了出来，可见古人一直沿用的了。这说得上是一个伟大的创举，它将永远为人们所应用。"风水学"中的"靠山"、"照山",亦是借景之别称而已。它不仅在造园与造景上已成为准则,而且在城市规划与居住区设计中也不能忽视。由借景而产生的选址问题、布局问题,都是分不开的,所谓大处着眼、全局观点、因地制宜,运用得好,气势神韵皆出,帝王之都,名园之基,无不首先重视借景。

叠山理水,在中国园林其理本与画理相通,就是将自然景物加以概括提炼,做到"虽由人作,宛自天开"。我曾说过"水随山转,山因水活"、"溪水因山成曲折,山蹊(路)随地作低平",这就是山水的关系,这种原则不论中西与古今,我想总不会变的吧?建筑物在中国园林中,是占主要地位,这是肯定的,但从园林史来看,我认为它的发展是由少到多,清代的园林建筑比重肯定比元明多,而且运用得更巧妙,空间分隔更灵活,这与造园的速度有关,计成在《园冶》中早说过,"雕栋飞楹构易,荫槐挺玉成难。"建造房屋快,树木成长慢,为了追求园林早日竣工,在求得较为好的地形与借景有利的条件下,基地上如有若干大树古木,于是以大量建筑物安排组合其间,名园指日可成矣。苏州留园,在盛氏购入后,便添加了大量建筑物。北京的皇家园林也是越到后期加添的建筑越多。景点的增多,差不多皆与建筑分不开。建筑物在园林中占如此主导地位,在今日造园时还可有所借鉴,它不但在造园上起艺术作用,而且在快速造园这一方面也见显著效果。当然道理是一个,而形式表现亦因地因时而异,我们师其理,而不是用现代建筑材料仿木结构造亭台楼阁。中国园林是悟其理,传其神,生搬硬套,非度人以巧也。因此造园是有法而无式。不明其因焉得其果?

我认为中国园林在世界上来说,它是一门综合性艺术,又是综合性科学,其涉及知识面之广,变化之多,不难理解。如果说不先从园林理论与园林史入手,进行一些研究,要创作园林,或是另开一条新的造园道路,恐怕有所困难,要走许多弯路。目前出现了许多园林小品书,无异于熟食店的冷盆,是做不出整桌名菜的。"宜亭斯亭,宜榭斯榭。"重在宜字,宜就是建造的根据,"体宜"就是造园要得体,得体就是恰到好处,但是做到这一点并不是容易的事,如果没有理论根据,如何下笔?"胸有成竹"方可信手拈来。东施效颦,已为共见。不经过一番理论的研究与分析,要谈继承与革新有若缘木求鱼,于事是无补的。

中国造园有其普通的手法,如对比、节奏等等,但是我们要探讨的是它在中国园林中的特殊表现,亦就是同中求不同。我说过"园必隔,水必曲",这在中国园林中最为常见,然而西方园林用树丛,用流水也可以成隔与曲,但表现的境界却有所不同。中国园林的建筑与假山水池却是突出手法,"建筑看顶,假山看脚。"在仰观与俯视上皆起很大效果,如果改用平顶那就感到缺少什么似的,视线只可以平视为主,然而对这类的问题,看法又不一致,尤其今日坡顶的建筑日趋减少,像这种情况,又怎样对待呢?中国的园林,尤其私家园林,范围又那么小,小中见大,含蓄不尽,如果将它放大了,意境随之变更,木结构的亭榭,放大了又不顺眼,苏州拙政园东部那座巨亭就是失败的例子。近年来亦知道大园林不分区不成,亦就是用大园包小园的手法,化整为零,分中有合。这种手法在新园林中正在尝试中。我在《说园》中总结出了"动观"与"静观"的理论,这原是古代哲学思想在造园中的体现,我深信不论中西园林,都不自觉地在运用着,至于运用得好与坏,那要看设计者的水平了,但是对"动"与"静",却不能等闲视之,游有"动""静",景也有"动""静",情也有"动""静","为情而造文"是文学的高作品,同样造园其理一也,故云"情景交融",世界上哪一个人是没有情的?而情在造园中应用,则应该说是列于首要地位,在继承和革新的造园事业中,这一点是无法否定的。

近来有许多人错误地理解园林的诗情画意,认为这并不是设计者的构思,而是建造完毕后加上一些古人的题辞、书画,就有诗情画意了,那真是贻笑大方了。设计者对中国传统国画、诗文一无知晓,如何能有一点雅味呢?有一点传统味呢?各尽所能,忽视理论,往往形成了不古不今、不中不西的大杂烩园林。我并不是一个泥古不化的人,如果运用中国造园原理,能出新意,亦是有源之水,因此在现在看来,今后的造园创作,对于中国园林理论与历史的研究,是有助于园林创作事业的。提出这样的观点与大家商量,似乎比较近情理吧。中国的造园理论与手法,有许多与国外相通,尤其是日本园林,但是由于民族的差异,文化社会地理等条件的不同,遂各成体系,在运用上,也应该作一番分析,有可移用,有不能移用。功能、形式的产生不是凭空而来的。我们的思想头脑要清晰些。佳者收之,俗者摒之,则万物皆为我所用了。苏东坡有两句诗:"贫家净扫地,贫女巧梳头。"对我们园林工作者来说,实在太用得到了,能懂得这诗中的命意,在"巧"字上多下功夫,我相信在造园这门学科中,必大大地向前一步了。

中国诗文与中国园林艺术

　　中国园林,名之为"文人园",它是饶有书卷气的园林艺术。前年建成的北京香山饭店,是贝聿铭先生的匠心,因为建筑与园林结合得好,人们称之为有"书卷气的高雅建筑",我则首先誉之为"雅洁明净,得清新之致",两者意思是相同的。足证历代谈中国园林总离不了中国诗文。而画呢? 也是以南宋的文人画为蓝本,所谓"诗中有画,画中有诗",归根到底脱不开诗文一事。这就是中国造园的主导思想。

　　南北朝以后,士大夫寄情山水,啸傲烟霞,避嚣烦,寄情赏,既见之于行动,又出之以诗文,园林之筑,应时而生,继以隋唐、两宋、元,直至明清,皆一脉相承。白居易之筑堂庐山,名文传诵;李格非之记洛阳名园,华藻吐纳,故园之筑出于文思,园之存,赖文以传,相辅相成,互为促进,园实文,文实园,两者无二致也。

　　造园看主人,即园林水平高低,反映了园主之文化水平,自来文人画家颇多名园,因立意构思出于诗文。除了园主本身之外,造园必有清客,所谓清客,其类不一,有文人、画家、笛师、曲师、山师等等,他们相互讨论,相机献谋,为主人共商造园。不但如此,在建成以后,文酒之会,畅聚名流,赋诗品园,还有所拆改。明末张南垣,为王时敏造"乐郊园",改作者再四,于此可得名园之成,非成于一次也。尤其在晚明更为突出,我曾经说过那时的诗文、书画、戏曲,同是一种思想感情,用不同形式表现而已,思想感情主要指的是什么? 一般是指士大夫思想,而士大夫可说皆为文人,敏诗善文,擅画能歌,其所造园无不出之同一意识,以雅为其主要表现手法了。园寓诗文,复再藻饰,有额有联,配以园记题咏,园与诗文合二为一。所以每当人进入中国园林,便有诗情画意之感,如果游者文化修养高,必然能吟出几句好诗来,画家也能画上几笔晚明清逸之笔的园景来。这些我想是每一个游者所必然产生的情景,而其产生之由来就是这个道理。

汤显祖所为《牡丹亭》,而"游园"、"拾画"诸折,不仅是戏曲,而且是园林文学,又是教人怎样领会中国园林的精神实质,"遍青山啼红了杜鹃,那荼蘼外烟丝醉软。""朝飞暮卷,云霞翠轩,雨丝风片,烟波画船。"其兴游移情之处真曲尽其妙。是情钟于园,而园必写情也,文以情生,园固相同也。

清代钱泳在《履园丛话》中说:"造园如作诗文,必使曲折有法,前后呼应,最忌堆砌,最忌错杂,方称佳构。"一言道破,造园与作诗文无异,从诗文中可悟造园法,而园林又能兴游以成诗文。诗文与造园同样要通过构思,所以我说造园一名构园。这其中还是要能表达意境。中国美学,首重意境,同一意境可以不同形式之艺术手法出之。诗有诗境,词有词境,曲有曲境,画有画境,音乐有音乐境,而造园之高明者,运文学绘画音乐诸境,能以山水花木,池馆亭台组合出之,人临其境,有诗有画,各臻其妙。故"虽由人作,宛自天开",中国园林,能在世界上独树一帜者,实以诗文造园也。

诗文言空灵,造园忌堆砌,故"叶上初阳干宿雨,水面清圆,一一风荷举"。言园景虚胜实,论文学亦极尽空灵。中国园林能于有形之景兴无限之情,反过来又产生不尽之景,觥筹交错,迷离难分,情景交融的中国造园手法。《文心雕龙》所谓"为情而造文",我说为情而造景。情能生文,亦能生景,其源一也。

诗文兴情以造园,园成则必有书斋,吟馆,名为园林,实作读书吟赏挥毫之所,故苏州网师园有看松读画轩,留园有汲古得绠处,绍兴有青藤书屋等,此有名可征者,还有额虽未名,但实际功能与有额者相同,所以园林雅集文酒之会,成为中国游园的一种特殊方式。历史上的清代北京怡园与南京随园的雅集盛况后人传为佳话,留下了不少名篇。至于游者漫兴之作,那真太多了。随园以投赠之诗,张贴而成诗廊。

读晚明文学小品,宛如游园,而且有许多文字真不啻造园法也。这些文人往往家有名园,或参与园事,所以从明中叶后直到清初,在这段时间中,文人园可说是最发达,水平也高,名家辈出,计成《园冶》,总结反映了这时期的造园思想与造园法,而文则以典雅骈俪出之,我怀疑其书必经文人润色过,所以非仅仅匠家之书。继起者李渔《一家言·居室器玩部》,亦典雅行文,李本文学戏曲家也。文震亨《长物志》更不用说了,文家是以书画诗文传世的,且家有名园,苏州艺圃至今犹存。至于园林记必出文人之手,抒景绘情,增色泉石,而园中匾额起点景作用,几尽人皆知的了。

中国园林必置顾曲之处,临水池馆则为其地,苏州拙政园卅六鸳鸯馆、网师园濯缨水阁尽人皆知者,当时俞振飞先生与其尊人粟庐老人客张氏补园(补园为今拙政园西部),与吴中曲友,顾曲于此,小演于此,曲与园境合而情契,故俞先生之戏具书卷气,其功力实得之文学与园林深也,其尊人墨迹属题于我,知我解意也。

造园言"得体",此二字得假借于文学,文贵有体,园亦如是。"得体"二字,行文与构园消息相通,因此我曾以宋词喻苏州诸园:网师园如晏小山词,清新不落套;留园如吴梦窗词,七宝楼台,拆下不成片段;而拙政园中部,空灵处如闲云野鹤去来无踪,则姜白石之流了;沧浪亭有若宋诗,怡园仿佛清词,皆能从其境界中揣摩得之。设造园者无诗文基础,则人之灵感又自何来。文体不能混杂,诗词歌赋各据不同情感而成之,决不能以小令引慢为长歌,何种感情,何种内容,成何种文体,皆有其独立性。故郊园、市园、平地园、小麓园,各有其体,亭台楼阁,安排布局,皆须恰如其分,能做到这一点,起码如做文章一样,不讥为"不成体统"了。

总之,中国园林与中国文学,盘根错节,难分难离,我认为研究中国园林,似应先从中国诗文入手,则必求其本,先究其源,然后有许多问题可迎刃而解,如果就园论园,则所解不深。姑提这样肤浅的看法,希望海内外专家将有所指正与教我也。

明清园林的社会背景与市民生活

　　中国园林发展到明清,可说已经是成熟时期。在封建社会历史阶段,也到顶点了。园林之盛,既超越前人,事出必非无因。当然与社会背景、市民生活,不可分割,此二者促使园林艺术得到新的成就。

　　明代从嘉靖、隆庆时代的稍安局面,至万历初年,施行"一条鞭法",人民生活安定,社会经济较为繁荣,出现"四海澄平"的现象,到中期兼以采矿业工商业的发展,形成富强的局面,而徽州苏州和山陕商人应运而生,资本主义萌芽的出现产生了新兴的市民阶层。嘉靖万历以后,土地兼并加深,地主与官僚,其财富日益增加,生活日趋豪华,从今日所存的明代大住宅来看,以此时期与其后者为最多,虽然明初对建第宅规格极严,未敢逾越,迨至中叶后法律松弛,大宅遂多,但物质基础还是处于主要地位。建筑质量高,技术精致,具有"工整"、"雅秀"的风格。而园林之存者亦以此时为多,艺术水平亦高,如上海豫园、嘉定秋霞圃、苏州艺圃、泰州乔园等,当时市园之筑则较郊园为多,多数为宅园,便于朝夕可临,且视郊园为安隘,又减舟车之劳。

　　明清官僚到了晚年,告老还乡,必置田宅,优游岁月,尽声色泉石之乐,故戏曲盛行,园林兴建。而此两者未能孤立言之,同时文学书画又为造园之立意源渊。造园家精通诗画雅擅剧曲,张涟、张南阳、计成、李渔等人才辈出。苏州、松江、吴兴、扬州、北京等地,名园林立,亦即官僚地主富商集中之地,文人会集,手工业发达,形成著名消费城市。造园在经济物质基础、自然环境、气候条件等,复皆具备。主人好客,文人画家策划,在造园中体现了闲情逸致的士大夫思想意识。名工巧匠为之经营建造,于是城市山林,宛自天开。文酒之会,几无虚日,藉啸傲林泉之资,用以培养声誉。家乐与园林,成为士大夫自命风雅的工具!钱谦益常熟拂水山庄,冒襄如皋水绘园,名士美人,林亭诗文,为人艳称,《陈圆圆传》所云:"圆圆陈姓,玉峰(昆山)歌妓也。声甲天下之声,色甲天下之色。"昆山固多园林,半蚕园名满江南。魏良辅创"水磨调",即当时盛行之昆曲。他如江西弋阳腔、浙江海盐腔,亦风行至盛,海盐多名园,有张氏涉园、冯氏绮园等,绮园今日在浙中应推第一。

地主官僚集于城市,造园匠师则来自农村,以廉价的工资为他们建造园林。吴县香山之木工,吴县胥口之假山工,苏州虎丘之泥塑花工,尤为人们称道。城市之手工业者,在造园中占一席位置,苏州扬州之家具、砖木雕、书画装裱、文玩等,皆为园林重要组成部分,家具吴人称为"屋肚肠"。

园主粗解园事,文人画家立意绘图,匠师为之建造。故计成在《园冶》中有"独不闻三分匠,七分主人之谚乎"?七分主人实则包括园主与谋士在一起。当然有些园主如苏州艺圃文氏、太仓乐郊园王氏,本身便是文人画家,则条件更佳了。但是明清园林,虽风气所趋,而集腋成裘,增添城市绿化面积,未始非良举。市民之喜爱树石,盆栽花木,成为生活中不可缺少的乐事。至今尚存之名木古树,基本上为明清两代所遗者。因为经济财力的高下,园自有大小之分,及至普通市民,院中阶前亦必植树,安排小景,所以苏州在宋代已有"虽闾阎下户亦饰小山盆岛为玩"。此风沿及明清,踵事增华,"爱好是天然。"(《牡丹亭》曲词)人们对园林的钟情,实是主要的造园社会因素。

明清时代市民的生活,是与其所处经济地位、职业、文化水平等分不开的。城市市民除地主官僚富商外,还有小商人、手工业者,以及数量极少的小吏与寒士。他们的生活在住的方面,一般皆为沿街房屋,江南且多数为二层,俗称"楼房儿"。稍富者为一厅两厢或四合院,他们量入为出,财力亦不一律,但在取得温饱之余,春秋佳日乐事从容,也要作郊游,苏州人游天平灵岩,杭州人游西湖,扬州人游瘦西湖，这些地方有园林，借他人池馆，稍作淹留，此亦人之常情。南京随园、杭州西湖的一些私家园林（又称庄子），可自由往游。庙台戏演出，市民空巷往观。平时早晨上茶馆，向晚小饮酒肆，薄醉而归，消失一天工作疲劳，有些人也喜欢养笼鸟及金鱼，玩玩小摆设，小名头书画，种点盆景，都是正常的业余爱好，可作为生活一部分来看。至于乐生送死、婚丧之事，则十分重视，在一生中是首要大事。俞振飞先生告诉我，他小时候在浙江南浔有唱昆曲的木偶戏，南浔在清代是名园集中地，今存者刘氏小莲庄，饶泉石之胜。书场则几遍城镇，跑江湖打拳头卖膏药，演"梨花落"小唱者等，这些也为市民生活添上趣味。

明代嘉靖年间，黄金每两折合白银五两，白银一两值钱一千文，当时二层楼居屋，上下四间值银十数两。猪一头、羊一只、金华酒五六坛，又香烛纸扎鸡鸭黄酒之物，共计银四两，日用品物价如此。至清乾隆间，黄金一两值银近二十两，白银一两可换大钱七百文，当时米价每升十四五文。清同治中画家费丹旭（晓楼），碛石蒋氏门客，年薪白银八十两。其时市民经济情况可窥一斑了。

我说过中国园林是综合性的一门学问，且包含哲理。明清园林的卓越成就，也反映了封建社会后期的文化水平，这门能在世界造园学中放出异彩的边缘科学，确为中华民族增添了光彩。而全民对园林风景的爱好，多方面的文化熏陶，产生了有时代风格的各种艺术。园林的成就，并不是单独的东西，很值得我们进一步地从多方面进行分析研究。这篇小文限于篇幅，也只能粗勾几笔，存其大略而已。

苏州园林初步分析

一

　　我国园林,如从历史上溯源的话,当推古代的囿与园,以及《汉制考》上所称的苑。《周礼·天官·大宰》:"九职……二曰园圃,毓草林。"《地官·囿人》:"掌囿游之兽禁,牧百兽。"《地官·载师》:"以场圃任园地。"《说文》:"囿,苑有垣也。一曰禽兽有囿。圃,种菜曰圃。园,所以种果也。苑,所以养禽兽也。"据此则囿、园、苑的含意已明。我们知道豨韦的囿、黄帝的圃已开囿圃之端,到了三代,苑囿专为狩猎的地方,例如周姬昌(文王)的囿,刍荛雉兔,与民同利。秦汉以后,园林渐渐变为统治者游乐的地方,兴建楼馆,藻饰华丽了。秦嬴政(始皇)筑秦宫,跨渭水南北,覆压三百余里。汉刘彻(武帝)营上林苑、甘泉苑,以及建章宫北的太液池,在历史的记载上都是范围很大的。其后刘武(梁孝王)的兔园,开始了叠山的先河。魏曹丕(文帝)更有芳林园。隋杨广(炀帝)造西苑。唐李漼(懿宗)于苑中造山植木,建为园林。北宋赵佶(徽宗)之营艮岳,为中国园林之最著于史籍者。宋室南渡,于临安(杭州)建造玉津、聚景、集芳等园。元忽必烈(世祖)因辽金琼华岛为万岁山太液池。明清以降除踵前遗规外,并营建西苑、南苑,以及西郊畅春、清漪、圆明等诸园,其数目视前代更多了。

私家园林的发展,汉代袁广汉于洛阳北邙山下筑园,东西四里,南北五里,构石为山,复畜禽兽其间,可见其规模之大了。梁冀多规苑囿,西至弘农,东至荥阳,南入鲁阳,北到河淇,周围千里。又司农张伦造景阳山,其园林布置有若自然。可见当时园林在建筑艺术上已有很高的造诣了。尚有茹皓,吴人,采北邙及南山佳石,复筑楼馆列于上下,并引泉莳花,这些都是以人工来代天巧。魏晋六朝这个时期,是中国思想史上起一个大转变的时代,而亦是中国历史上战争最频繁的时代,士大夫习于服食,崇尚清谈,再兼以佛学昌盛,于是礼佛养性,遂萌出世之念,虽居城市,辄作山林之想。在文学方面有咏大自然的诗文,绘画方面有山水画的出现,在建筑方面就在第宅之旁筑园了。石崇在洛阳建金谷园,从其《思归引序》来看其设计主导思想,是"避嚣烦","寄情赏"。再从《梁书·萧统传》、徐勉《戒子崧书》、庾信《小园赋》等来看,他们的言论亦不外此意。唐代如宋之问的蓝田别墅,李德裕的平泉别墅,王维的辋川别业,皆有竹洲花坞之胜,清流翠篆之趣,人工景物,仿佛天成。而白居易的草堂,尤能利用自然,参合借景的方法。宋代李格非《洛阳名园记》,周密《吴兴园林记》,前者记北宋时所存隋唐以来洛阳名园如富郑公园等,后者记南宋吴兴园林如沈尚书园等,记中所述,几与今日所见园林无甚二致。明清以后,园林数目远迈前代,如北京勺园、漫园,扬州影园、九峰园、马氏玲珑馆,海宁安澜园,杭州小有天园,以及明王世贞《游金陵诸园记》所记东园等诸园,其数已不胜枚举。今日存者如杭州皋园,南浔适园、宜园、小莲庄,上海豫园,常熟燕园,南翔古猗园,无锡寄畅园等,为数尚多,而苏州一隅又为各地之冠。如今我们来看看苏州园林在历史上的发展。

二

苏州在政治经济文化上,远在春秋时的吴,已经有了基础,其后在两汉、两晋逐渐发展。春秋时吴之梧桐园,以及晋之顾辟疆园,已开苏州园林的先声。六朝时江南已为全国富庶之区,扬州、南京、苏州等处的经济基础,到后来形成有以商业为主,有以丝织品及手工业为主,有为官僚地主的消费城市。苏州就是手工业重要产地兼官僚地主的消费城市。

我们知道,六朝以还,继以隋唐,杨广(炀帝)开运河,促使南北物资交流;唐以来因海外贸易,江南富庶视前更形繁荣。唐末中原诸省战争频繁,受到很大的破坏,可是南唐吴越所在范围,在政治上经济上尚是小康局面,因此有余力兴建园林,宋时苏州朱长文因吴越钱氏旧园而筑乐圃,即是一例。北宋江南上承南唐吴越之旧,地方未受干戈,经济上没有受重大影响,园林兴建未辍。及赵构(高宗)南渡,苏州又为平江府治所在,赵构曾一度"驻跸"于此,王唤营平江府治,其北部凿池构亭,即官衙亦附以园林。其时土地兼并已甚,豪门巨富之宅,园林建筑不言可知了。故两宋之时,苏州园林著名者,如苏舜钦就吴越钱氏故园为沧浪亭,梅宣义构五亩园,朱长文筑乐圃,而朱勔为赵佶营艮岳外,复自营同乐园,皆较为著名。元时江浙仍为财富集中之地,故园林亦有所兴建,如狮子林,即其一例。迨入明清,土地兼并之风更甚,而苏州自唐宋以来已是丝织品与各种美术工业品的产地,又为地主官僚的集中地,并且由科举登第者最多,以清一代而论,状元数字之多为全国冠。这些人年老归家,购田宅,设巨肆,除直接从土地上剥削外,再从商业上经营盘剥,以其所得大建园林以娱晚境。而手工业所生产,亦供若辈使用。其经济情况大略如此。它与隋唐洛阳,南宋吴兴,明代南京是同样情况的。

　　除了上述情况之外,在自然环境上,苏州水道纵横,湖泊罗布,随处可得泉引水,兼以土地肥沃,花卉树木易于繁滋。当地产石,除尧峰山外,洞庭东西二山所产湖石,取材便利。距苏州稍远的如江阴黄山,宜兴张公洞,镇江圌山、大岘山,句容龙潭,南京青龙山,昆山马鞍山等所产,虽不及苏州为佳,然运材亦便。而苏州诸园之选峰择石,首推湖石,因其姿态入画,具备造园条件。《宋书·戴颙传》:"山居吴下,士人共为筑室,聚石引水植林开涧,少时繁密,有若自然。"即其一例。其次苏州为人文荟萃之所,诗文书画人才辈出,士大夫除自出新意外,复利用了很多门客,如《吴风录》载:"朱勔子孙居虎丘之麓,以种艺选石为业,游于王侯之门,俗称花园子。"又周密《癸辛杂识》云:"工人特出吴兴,谓之山匠,或亦朱勔之遗风。"既有人为之策划,又兼有巧匠,故自宋以来造园家如俞澂、陆叠山、计成、文震亨、张涟、张然、叶洮、李渔、仇好石、戈裕良等,皆江浙人。今日叠石匠师出南京、苏州、金华三地,而以苏州匠师为首,是有历史根源的。但士大夫固然有财力兴建园林,然《吴风录》所载:"虽闾阎下户,亦饰小山盆岛为玩。"这可说明当地人民对自然的爱好了。

苏州园林在今日保存者为数最多,且亦最完整,如能全部加以整理,不啻是个花园城市。故言中国园林,当推苏州了,何怪大家都说"江南园林甲天下,苏州园林甲江南"的光荣称号呢。这些园林我经过五年的调查踏勘,复曾参与修复工作,前夏与今夏又率领同济大学建筑系同学作教学实习,主要对象是古建筑与园林,逗留时间较久,遂以测绘与摄影所得,利用拙政园、留园两个最大的园作例,略略加以说明一些苏州园林在历史上的发展与设计方面的手法,供大家研究。至于其他的一些小园林有必要述及的,亦一并包括在内······

三

拙政园:拙政园在娄、齐二门间的东北街。明嘉靖中(1522～1566)王献臣因大宏寺废地营别墅,是此园的开始。"拙政"二字的由来,是用潘岳"拙者之为政"的意思。后其子以赌博负失,归里中徐氏。清初属海宁陈之遴,陈因罪充军塞外,此园一度为驻防将军府,其后又为兵备道馆。吴三桂婿王永宁亦曾就居于此园。后没入公家,康熙初改苏松常道新署。其后玄烨(康熙)南巡,也来游到此。苏松常道缺裁,散为民居。乾隆初归蒋棨,易名复园。嘉庆中再归海宁查世倓,复归平湖吴菘圃。迨太平天国克复苏州又为忠王府的一部分。太平天国失败,为清政府所据,同治十年(1871)改为八旗奉直会馆,仍名拙政园,西部归张履谦所有,易名补园。解放后已合而为一。

拙政园的布局主题是以水为中心。池水面积约占总面积五分之三,主要建筑物十之八九皆临水而筑,文征明《拙政园》记:"郡城东北界娄、齐门之间,居多隙地,有积水亘其中,稍加浚治,环以林木······"据此可以知道是利用原来地形而设计的,与明末计成《园冶》中《相地》一节所说"高方欲就亭台,低凹可开池沼······"的因地制宜方法相符合的。故该园以水为主,实有其道理在。在苏州不但此园如此,阔阶头巷的网师园,水占全园面积达五分之四。平门的五亩园亦池沼逶迤,望之弥然,莫不利用原来的地形而加以浚治的。景德路环秀山庄,乾隆间蒋楫凿池得泉,名"飞雪",亦是解决水源的好办法。

园可分中、西、东三部,中部系该园主要部分,旧时规模所存尚多。西部即张氏补园,已大加改建,然布置尚是平妥。东部为明王心一归田园居,久废,正在重建中。

中部远香堂为该园的主要建筑物,单檐歇山面阔三间的四面厅,从厅内通过窗棂四望,南为小池假山,广玉兰数株,扶疏接叶,云墙下古榆依石,幽竹傍岩,山旁修廊曲折,导游者自园外入内。似此的布置不但在进门处可以如入山林,而坐厅南望亦有山如屏,不觉有显明的入口,它与住宅入口处置内照壁,或置屏风等来作间隔的方法,采用同一的手法。东望绣绮亭,西接倚玉轩,北临荷池,而隔岸雪香云蔚亭与待霜亭突出水面小山之上。游者坐此厅中,则一园之景可先窥其轮廓了。在此厅为中心的南北轴线上,高低起伏,主题

拙政园绣绮亭远香堂及倚玉轩
临水最相宜,东风吹绣漪。

突出。而尤以池中岛屿环以流水,掩以丛竹,临水湖石参差,使人望去殊多不尽之意,仿佛置身于天然池沼中。从远香堂缘水东行跨倚虹桥,桥与阑皆甚低,系明代旧构。越桥达倚虹亭,亭倚墙而作,仅三面临空,故又名东半亭。向北达梧竹幽居,亭四角攒尖,每面辟一圆拱门。此处系中部东尽头,通过二道圆拱门望池中景物,如入环中。而隔岸极远处的西半亭隐然在望,是亭内又为一圆拱门,倒映水中,所谓别有洞天以通西部的。亭背则北寺塔耸立云霄中,为极妙的借景。左顾远香堂、倚玉轩及香洲等,右盼两岛,前者为华丽的建筑群,后者为天然图画。刘师敦桢云:“此为园林设计上运用最好的对比方法。”实际而

拙政园梧竹幽居
得其环中。

言，东西两岸水面距离并不太大，然而看去反觉深远特甚，因设计时在水面隔以梁式石桥，透迤曲折，人们视线从水面上通过石桥才达彼岸。加以两旁一面是人工华丽的建筑，一面为天然苍翠的小山，二者之间水是修长的，自然使人们的感觉更加深远与扩大。而对岸老榆傍岸，垂杨临水，其间一洞窈然，楼台画出，又别有天地了。从梧竹幽居经三曲桥，小径分歧，屈曲循道登山，达巅为待霜亭，亭六角，翼然出丛竹间。向东襟带绿漪亭，西则复与长方形的雪香云蔚亭相呼应。此岛平面为三角形，与雪香云蔚亭一岛椭圆形者有别，二者之间一溪相隔，溪上覆以小桥，其旁幽篁丛出，老树斜依，而清流涓涓，宛若与树上流莺相酬答，至此顿忘尘嚣。自雪香云蔚亭下，便到荷风四面亭。亭亦六角，居三路之交点，前后皆以曲桥相贯，前通倚玉轩而后达见山楼及别有洞天。经曲廊名柳荫路曲者达见山楼，楼为重檐歇山顶，以假山构成云梯可导至楼层。是楼地位居中部西北之角，因此登楼远望，其至四周距离较大，所见景物亦远，如转眼北眺，则城隈景物，又瞬入眼帘了。此种手法，在中国园林中最为常用，如中由吉巷半园用五边形亭，狮子林用扇面亭，皆置于角间略高的山巅。至于此园面积较大，而积水弥漫，建一重楼，但望去不觉高耸凌云，而水间倒影清澈，尤增园林景色。然在设计时应注意其立面线脚，宜多用横线，盖与水面取得平行，以求统一。香洲俗呼"旱船"，形似船而不能行水者，入舱置一大镜，故从倚玉轩西望，镜中景物，真幻莫辨。楼上名澂观楼，亦宜眺远。向南为得真亭，内置一镜，命意与前同。是区水面狭长，上跨石桥名小飞虹，将水面划分为二。其南水榭三间，名小沧浪，亦跨水上，又将水面再度划分。二者之下皆空，不但不觉其局促，反觉面积扩大，空灵异常，层次渐多了。人们视线从小沧浪穿小飞虹及一庭秋月啸松风亭，水面极为辽阔，而荷风四面亭倒影、香洲侧影、见山楼角皆先后入眼中，真有从小窥大，顿觉开朗的样子。枇杷园在远香堂东南，以云墙相隔。通月门，则嘉实亭与玲珑馆分列于前，复自月门回望雪香云蔚亭，如在环中，此为最好的对景。我们坐园中，垣外高槐亭台，移置身前，为极好的借景。园内用鹅子石铺地，雅洁异常，惜沿墙假山修时已变更原形，而云墙上部无收头，转折又略嫌生硬。从玲珑馆旁曲廊至海棠春坞，屋仅面阔二间，阶前古树一木，海棠一树，佳石一

拙政园自别有洞天望见山楼及五曲桥

落梅亭榭香，芳草池塘绿。

拙政园见山楼侧面

流水画桥畔，雨余芳草斜阳。

拙政园小飞虹及一庭秋月啸松风亭

秋风清,秋月明,竹外松边,秋景如画。

拙政园自枇杷园望雪香云蔚亭

玉洞分春,海棠过后荼蘼发。

二,近屋回以短廊,漏窗外亭阁水石,隐约在望,其环境表面上看来是封闭的,而实际是处处通畅,面面玲珑,置身其间,便感到密处有疏,小处现大,可见设计手法运用的巧妙了。

西部与中部原来是不分开的,后来一园划分为二,始用墙间隔,如今又合而为一,因此墙上开了漏窗。当其划分时,西部欲求有整体性,于是不得不在小范围内加工,沿水的墙边就构了水廊。廊复有曲折高低的变化,人行其上,宛若凌波,是苏州诸园中之游廊极则。三十六鸳鸯馆与十八曼陀罗花馆系鸳鸯厅,为西部主要建筑物,外观为歇山顶,面阔三间,内用卷棚四卷,四隅各加暖阁,其形制为国内唯一孤例。此厅体积似乎较大,其因实由于西部划分后,欲成为独立的单位,此厅遂为主要建筑部分,在需要上不能不建造。但碍于地形,于是将前部空间缩小,后部挑出水中,这虽然解决了地位安顿问题,但卒使水面变狭与对岸之山距离太近,陆地缩小,而本身又觉与全园不称,当然是美中不足处。此厅为主人宴会与顾曲之处,因此在房屋结构上除运用卷棚顶以增加演奏效果外,其四隅之暖阁,既解决进出时风击问题,复可利用为宴会时仆从听候之处,演奏时暂作后台之用,设想上是相当周到的。内部的装修精致,与留听阁同为苏州少见的。至于初春十八曼陀罗花馆看宝珠山茶花,夏日三十六鸳鸯馆看鸳鸯于荷叶间,宜乎南北各置一厅了。对岸为浮翠阁,八角两层,登阁可鸟瞰全园,惜太高峻,与环境不称。其下隔溪小山上置两亭,即笠亭与扇亭。亭皆不大,盖山较低小,不得不使然。扇亭位于临流转角,因地而设,宜于闲眺,故颜其额为“与谁同坐轩”。亭下为修长流水,水廊缘边以达倒影楼,楼为歇山顶,高两层,与六角攒尖的宜两亭遥遥相对,皆倒影水中,互为对景。鸳鸯厅西部之溪流中置塔影亭,它与其北的留听阁,同样在狭长的水面尽头,而外观形式亦相仿佛,不过地位视前两者为低,布局与命意还是相同的。塔影亭南原为补园入口以通张宅的,今已封闭。

东部久废,刻在重建中,从略。

留园:在阊门外留园路,明中叶为徐泰时东园,清嘉庆间(约1800年左右)刘恕重建,以园中多白皮松,故称“寒碧山庄”,又名“刘园”。园中旧有十二峰,为太

拙政园水廊

秋水长廊水石间。

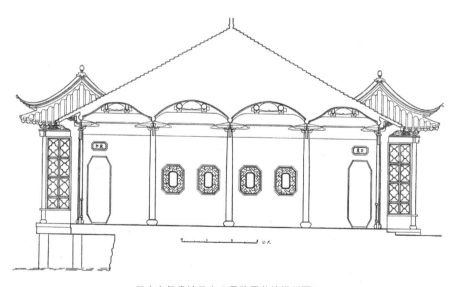

三十六鸳鸯馆及十八曼陀罗花馆横断面图

拙政园笠亭

倚藤临水，步屧登山。

拙政园扇亭及三十六鸳鸯馆

小阁枕清流，风定波平花映水。

湖石之上选。光绪二年(1876)间归盛康,易名"留园"。园占地五十市亩,面积为苏州诸园之冠。

是园可划分为东西中北四部。中部以水为主,环绕山石楼阁,贯以长廊小桥。东部以建筑为主,列大型厅堂,参置轩斋,间列立峰斧劈,在平面上曲折多变。西部以大假山为主,漫山枫林,亭榭一二。南面环以曲水,仿晋人武陵桃源。是区与中部以云墙相隔,红叶出粉墙之上,望之若云霞,为中部最好的借景。北部旧构已毁,今又重辟,平淡无足观,从略。

中部:入园门经二小院至绿荫,自漏窗北望,隐约见山池楼阁片断。向西达涵碧山房三间,硬山造,为中部的主要建筑。前为小院,中置牡丹台,后临荷池。其左明瑟楼倚涵碧山房而筑,高两层屋顶用单面歇山,外观玲珑,由云梯可导至二层。复从涵碧山房西折上爬山游廊,登闻木樨香轩,坐此可周视中部,尤其东部曲溪楼、西楼、清风池馆、汲古得绠处及远翠阁等,参差前后,高下相呼的诸楼阁,掩映于古木奇石之间。南面则廊屋花墙,水阁联续,而明瑟楼微突水面,涵碧山房之凉台再突水面,层层布局,略作环抱之势。楼前清水一池,倒影历历在目。自闻木樨香轩向北东折经游廊达远翠阁。是阁位置于中部东北角,其用意与拙政园见山楼相同,不过一在水一在陆,又紧依东部,隔花墙为东部最好的借景。小蓬莱宛在水中央,濠濮亭列其旁,皆几与水平。如此对比,容易显山之峻与楼之高了。曲溪楼底层西墙皆列砖框,漏窗,游者至此,感觉处处邻虚,移步换影,眼底如画。而尤其举首西望,秋时枫林如醉,衬托于云墙之后,其下高低起伏若波然,最令人依恋不已。北面为假山,可亭六角出假山之上,其后则为长廊了。

东部主要建筑物有二:其一五峰仙馆(楠木厅)面阔五间,系硬山造。内部装修陈设,精致雅洁,为江南旧式厅堂布置之上选。其前后左右皆有大小不等的院子。前后二院皆列假山,人坐厅中仿佛面对岩壑,然此法为明计成所不取,《园冶》云:"人皆厅前掇山,环堵中耸起高高三峰,排列于前,殊为可笑。"此厅列五峰于前,似觉太挤,了无生趣。而计成认为,在这种情况下,应该是"以予见或有嘉树稍点玲珑石块,不然墙中嵌埋壁岩,或顶植卉木垂萝,似有深境也"。我觉得这

留园凉台
宝台临砌，有情花影阑干。

留园自明瑟楼北望可亭
可画亭台，宜春院落。

办法是比较妥善多了。后部小山前,有清泉一泓,境界至静,惜源头久没,泉呈时涸时有之态。山后沿墙绕以回廊,可通左右前后,游者至此,偶一不慎,方向莫辨。在此小院中左眺远翠阁,则隔院楼台又炯然在目,使人益觉该园之宽大了。其旁汲古得绠处,小屋一间,紧依五峰仙馆,入内则四壁皆虚,中部景物又复现眼前。其与五峰仙馆相联接处的小院,中植梧桐一树,望之亭亭如盖,此小空间的处理是极好的手法。还我读书处与揖峰轩都是两个小院,在五峰仙馆的左邻,是介于五峰仙馆与林泉耆硕之馆中间,为两大建筑物中之过渡。小院绕以回廊,间以砖框,院中安排佳木修竹,萱草片石,都是方寸得宜,楚楚有致,使人有静中生趣之感,充分发挥了小院落的设计手法,而游者至此往往相失。由揖峰轩向东为林泉耆硕之馆,俗呼鸳鸯厅,装修陈设极尽富丽,屋面阔五间,单檐歇山造,前后两厅,内部各施卷棚,主要一面向北,大木梁架用"扁作",有雕刻,南面用"圆作",无雕刻。厅北对冠云沼,冠云、岫云、瑞云三峰以及冠云亭、冠云楼。三峰为明代旧物,苏州最大的湖石。冠云峰后侧为冠云亭,亭六角,倚玉兰花下。向北登云梯上冠云楼,虎丘塔影,阡陌平畴,移置窗前了。仁云庵与冠云台位于沼之东西。从冠云台入月门系佳晴喜雨快雪之亭,亭内楠木槅扇六扇,雕刻极精,为吴中装修之极品,惜是亭面西,难免受阳光风露之损伤。东园一角系新辟,山石平淡无奇,不足与旧构相颉颃了。

西部园林以时代而论,似为明东园旧规,山用积土,间列黄石,犹是李渔所云"小山用石,大山用土"的老办法,因此漫山枫树,得以滋根,林中配二亭:一为舒啸亭,系圆攒尖;一为至乐亭,六边形,系仿天平山范祠御碑亭而略变形的,在苏南还是创见。前者隐于枫林间,后者据西北山腰,可以上下眺望。南环清溪,植桃柳成荫,原期使人至此有世外之感,但有意为之,顿成做作,以人工胜天然在园林中实是不易的事。溪流终点,则为活泼泼地,一阁临水,水自阁下流入,人在阁中,仿佛跨溪之上,不觉有尽头了。唯该区假山,经数度增修,殊失原态。

北部旧构已毁,今新建,无亭台花木之胜。

留园五峰仙馆内部
画堂春满。

留园揖峰轩前小院
深竹户，小山房，浓绿交阴，芭蕉几阵雨。

留园冠云峰
闲庭更与天突兀，两峰旁耸尚寒。

留园瑞云峰
一丛萱草，几竿修竹，数叶芭蕉。

留园岫云峰
玉立。

留园佳晴喜雨快雪之亭槅扇
玉宇净无尘。

留园活泼泼地
春水绿波花影外，粉墙丹桂柳丝中。

留园曲溪楼
响屟廊深,午阴嘉树清圆。

四

江南园林占地不广,然千岩万壑,清流碧潭,皆宛然如画,正如钱泳所说:"造园如作诗文,必使曲折有法。"因此对于山水、亭台、厅堂、楼阁、曲池、方沼、花墙、游廊等之安排划分,必使风花雪月,光景常新,不落窠臼,始为上品。因此对于总体布局及空间处理,务使有扩大之感,观之不尽,而风景多变,极尽规划的能事。总体布局可分以下几种。

中部以水为主题,贯以小桥,绕以游廊,间列亭台楼阁,大者中列岛屿,此类如网师园,以及怡园等之中部。庙堂巷畅园,地颇狭小,一水居中,绕以廊屋,宛如盆景。留园虽以水为主,然刘师敦桢认为该园以整体而论,当以东部建筑群为主,这话亦有其理存在着。

以山石为全园之主题,因是区无水源可得,且无洼地可利用,故不能不以山石为主题使其突出,固设计中一法。西百花巷程氏园无水可托,不得不如此了。环秀山庄范围小,不能凿大池,亦以山石为主,略引水泉,俾山有生机,岩现活态,苔痕鲜润,草木华滋,宛然若真山水了。

基地积水弥漫,而占地尤广,布置遂较自由,不能以定法所囿。如拙政园、五亩园等较大的,更能发挥开朗变化的能事,尤其拙政园中部的一些小山,大有张涟所云:"平冈小坡,曲岸回沙。"都是运用人工方法来符合自然的境界。计成《园冶》云:"虽由人作,宛自天开。"刘师敦桢主张:"池水以聚为主,以分为辅,小园聚胜于分,大园虽可分,但须宾主分明。"网师园与拙政园是两个佳例,皆苏州园林上品。

前水后山,复构堂于水前,坐堂中穿水遥对山石,而堂则若水榭,横卧波面,文衙弄艺圃布局即如是。北寺塔东芳草园亦仿佛似之。

中列山水,四周环以楼及廊屋,高低错落,迤逦相续,与中部山石相呼应,如小新桥巷耦园东部,在苏州尚不多见。东北街韩氏小园,亦略取是法,不过楼屋仅有两面。中由吉巷半园、修仙巷宋氏园皆有一面用楼。

明代园林,接近自然,犹是计成、张涟辈后来所总结的方法,利用原有地形,略加整理。其所用石,在苏州大体以黄石为主,如拙政园中部二小山及绣绮亭亭下的,黄石虽无湖石玲珑剔透,然掇石有法,反觉浑成,既无矫揉造作之态,且无累石不固的危险。我们能从这种方法中细细探讨,在今日造园中还有不少优良传统可以吸收学习的。到清代造园,率皆以湖石叠砌,贪多好奇,每以湖石之多少与一峰之优劣,与他园计较短长。试以怡园而论,购洞庭山三处废园之石累积而成,一峰一石,自有上选,但其西北部之一区,石骨外露,卒无活态,即其一例。可见"小山用石",非全无寸土,不然树木将无所依托了。环秀山庄虽改建于乾隆间,数弓之地,深溪幽壑,势若天成,运用宋人山水的所谓"斧劈法",再以镶嵌出之,简洁遒劲,其水则迂回曲折,山石处处滋润,苍岩欣欣欲活了,诚为江南园林的杰构。于此方知设计者若非胸有丘壑、挥洒自如者,焉能至斯?学养之功可见重要了。

环秀山庄假山
高林弄残照，幽壑舞回风。

　　掇山既须以原有地形为据，自然之态又变化多端，无一定成法，可是自然的形成与发展，亦有一定的规律可循，"师古人不如师造化。"实有其理在。我们今日能通乎此理，从自然景物加以分析，证以古人作品，评其妍媸，撷其菁华，构成最美丽的典型。奈何苏州所见晚期园林，什九已成"程式化"，从不在整体考虑，每以亭台池馆，妄加拼凑，尤以掇山选石，皆举一峰片石，视之为古董，对于花树的衬托，建筑物的调和等，则有所忽略，这是今日园林设计者要引以为鉴的。如怡园欲集诸园之长，但全局涣散，似未见成功。

　　园林之水，首在寻源，无源之水必成死水。如拙政园利用原来池沼，环秀山庄掘地得泉，水虽涓涓，亦必清冽可爱。但园林面积既小，欲使有汪洋之概，则在设计时的运用，其法有二：一、池面利用不规则的平面，间列岛屿，上贯以小桥，在空间上使人望去，不觉一览无遗。二、留心曲岸水口的设计，故意做成许多湾头，

狮子林假山
水底看山影,依旧千岩万岫。

望之仿佛有许多源流,如是则水来去无尽头,有深壑藏幽之感。至于曲岸水口之利用芦苇,杂以菰蒲,则更显得隐约迷离,这是以较大的园林应用才妙。留园活泼泼地,水榭临流,溪至榭下已尽,但必流入一部分,则俯视之下,榭若跨溪上,水不觉终止。南显子巷惠荫园水假山,系层叠巧石如洞曲,引水灌之,点以步石,人行其间,如入洞壑,洞上则构屋。此种形式为吴中别具一格者,殆系南宋杭州赵翼王园中之遗制。沧浪亭以山为主,但东部的步廊突然逐渐加高,高瞰水潭,自然临渊莫测。惜是潭平时无涓涓活流,致设计者事与愿违,斯亦不能不注意的。艺圃的桥与水几平,反之两岸山石愈显高峻了。怡园之桥虽低于山,但与水尚有一些距离,还不失为有所依据的。至于小溪作桥,在对比之下,其情况何如?不难想象,古人遂改用"点其步石"的方法,则更为自然有致了。瀑布除环秀山庄檐瀑外,他则罕有。

艺圃小桥
涓涓流水细侵阶。

　　中国园林除水石池沼外,建筑物如厅、堂、斋、台、亭、榭、轩、卷、廊等,都是构成园林的主要部分。然江南园林以幽静雅淡为主,故建筑物务求轻巧,方始相称,所在建筑物的地点、平面以及外观上不能不注意。《园冶》云:"凡园圃立基,定厅堂为主,先取乎景,妙在朝南,倘有乔木数株,仅就中庭一二。"苏南园林尚守是法,如拙政园远香堂,留园涵碧山房等皆是。至于楼台亭阁的地位、虽无成法,但"按基形式","格式随宜","随方制象,各有所宜","一榱一桷,必令出自己裁","花间隐榭,水际安亭",还是在设计人从整体出发,加以灵活应用。古代如《园冶》《长物志》《工段营造录》等,虽有述及,最后亦指出我们不能守为成法的。试以拙政园而论,我们自高处俯视,建筑物都是随宜安排的,其方向差不多都依地形而改变。其外观给人的感觉是轻快为主,平面正方形、长方形、多边形、圆形等皆有,屋顶形式则有歇山、硬山、悬山、攒尖等,而无庑殿式,即歇山、硬山、悬山,亦多数采用卷棚式。其翼角起翘类,多用"水戗发戗"的办法,因此翼角起翘低而外观轻快。檐下玲珑的挂落,柱间微弯的吴王靠,得能取得一致。建筑物在立面的处理,以留园中部而论,我们自闻木樨香轩东望,对景主要建筑物是曲溪楼,用歇山顶,其外观在第一层做成仿佛台基的形状,与水相平行的线脚与上层分界,虽系二层,看去不觉其高耸。而尤其曲溪楼、西楼、清风池馆,三者的位置各有前后,屋顶立面皆同中寓不同,与下部的立峰水石都很相称。古木一树斜横波上,益增苍古,而墙上的砖框漏窗,上层的窗棂与墙面虚实的对比,疏淡的花影,都是苏州园林特有的手法;尤其倒影水中,其景更美。明瑟楼与涵碧山房相邻,前者为卷棚歇山,后者为卷棚硬山,然两者相联,不能不用变通的办法,明瑟楼歇山山面仅作一面,另一面用垂脊,不但不觉得其难看,反觉生动有变化。他如畅园因基地较狭长,中又系水池,水榭无法安排,卒用单面歇山,实系同出一法。反之东园一角亭,为求轻巧起见,六角攒尖顶翼角用"水戗发戗",其上部又太重,柱身瘦而高,在整个比例上顿觉不稳。东部舒啸亭、至乐亭,前者小而不见玲珑,后者屋顶虽多变化,亦觉过重,都是比例上的缺陷。苏南筑亭,晚近香山匠师每将屋顶提得过高,但柱身又细,整个外观未必真美。反视明代遗构艺圃,屋顶略低,较平稳得多。终之单体建筑,必然要考虑到与全园的整个关系才是。至于平面变化,虽洞房曲户,亦必做到曲处有通,实处有疏。小型轩馆,一间、两间,或两间半均可,皆视基地,随宜安排。如拙政园海棠春坞,面阔两间,一大一小,宾主分明。留园揖峰轩,面阔两间半,而尤妙于半间,方信《园冶》所云有所独见之处。建筑物的高下得势,左右呼应,虚实对比,在在都须留意。王洗马巷万氏园(原为任氏),园虽小,书房部分自成一区,极为幽静。其装修与铁瓶巷任宅东西花厅、顾宅花厅、网师园、西百花巷程氏园、大石头巷吴宅花厅等(详见拙著《装修集录》)都是苏州园林中之上选。至于他园尚多商量处,如留园太繁琐伧俗,佳者甚少;拙政园精者固有,但多数又觉简单无变化,力求一律,皆修理中东拼西凑或因陋就简所造成。怡园旧装修几不存,而旱船为吴中之尤者,所遗装修极精。

园林游廊为园林的脉络,在园林建筑中处极重的地位,故特地说明一下。今日苏州园林廊之常见者为复廊,廊系两面游廊中隔以粉墙,间以漏窗(详见拙编《漏窗》),使墙内外皆可行走。此种廊大都用于不封闭性的园林,如沧浪亭的沿河。或一园中须加以间隔,欲使空间扩大,并使入门有所过渡,如怡园的复廊,便是一例,此廊显然是仿前者。它除此作用外,因岁寒草堂与拜石轩之间不为西向的阳光与朔风所直射,用以阻之,而阳光通过漏窗,其图案更觉玲珑剔透。游廊

怡园旱船

玉宇洗清秋，古木苍烟无限意。

沧浪亭复廊

水阁无尘午昼长。

拙政园水廊
秋水长廊水石间。

有陆上、水上之分，又有曲廊、直廊之别。但忌平直生硬。今日苏州诸园所见，过分求曲，则反觉生硬勉强，如留园中部北墙下的。至其下施以砖砌阑干，一无空虚之感，与上部挂落不称，柱夹砖中，僵直滞重。铁瓶巷任宅及拙政园西部水廊小榭，易以镂空之砖，似此较胜。拙政园旧时柳荫路曲，临水一面阑干用木制，另一面上安吴王靠，是有道理的。水廊佳者，如拙政园西部的，不但有极佳的曲折，并有适当的坡度，诚如《园冶》所云的"浮廊可渡"，允称佳构。尤其可取的就是曲处置湖石芭蕉，配以小树，更觉有变化。爬山游廊，在苏州园林中狮子林、留园、拙政园，略点缀一二，大都是用于园林边墙部分。设计此种廊时应注意到坡度与山的高度问题，否则运用不当，顿成头重脚轻，上下不协调。在地形狭宽不同的情况下，可运用一面坡的，或一面坡与二面坡并用，如留园西部的。曲廊的曲处是留虚的好办法，随便点缀一些竹石、芭蕉，都是极妙的小景。李斗云："板上甃砖谓之响廊，随势曲折谓之游廊，愈折愈曲谓之曲廊，不曲者修廊，相向者对廊，通往来者走廊，容徘徊者步廊，入竹为竹廊，近水为水廊。花间偶出数尖，池北时来一角，或依悬崖，故作危槛，或跨红板，下可通舟，递迢于楼台亭榭之间，而轻好过之。廊贵有阑。廊之有阑，如美人服半臂，腰为之细。其上置板为飞来椅，亦名美人靠，其中广者为轩。"言之尤详，可资参考。今日复有廊外植芭蕉，呼为蕉廊，植柳呼为柳廊，夏日人行其间，更觉翠色侵衣，溽暑全消。冬日则阳光射入，温和可喜，用意至善。而古时以廊悬画称画廊，今日壁间嵌诗条石，都是极好的应用。

狮子林湖心亭
修水浓春，新条溪绿，翠光交映虚亭。

园林中水面之有桥，正陆路之有廊，重要可知，苏州园林习见之桥，一种为梁式石桥，可分直桥、九曲桥、五曲桥、三曲桥、弧形桥等，其位置有高于水面与岸相平的，有低于两岸浮于水面的。以时代而论，后者似较旧，我们今日在艺圃及无锡寄畅园、常熟诸园所见的都是如此。怡园及已毁木渎严家花园，亦仿佛似之，不过略高于水面一点。旧时为什么如此设计呢？它所表现的效果有二：第一，桥与水平，则游者凌波而过，水益显汪洋，桥更觉其危了。第二，桥低则山石建筑愈形高峻，与丘壑楼台自然成强烈对比。无锡寄畅园假山用平冈，其后以惠山为借景,冈下幽谷间施以梁式桥,诚能发挥明代园林设计之高度技术。今日梁式桥往往不照顾地形,不考虑本身大小,随便安置,实属非当。而尤其阑干之高度、形式,都从不与全桥及环境作一番研究,甚至于连半封建半殖民地的铁阑干都加了上去,如拙政园西部的。而上选者,如艺圃小桥、拙政园倚虹桥都是。拙政园中部的三曲五曲之桥,阑干比例都还好,可惜桥本身略高一些。待霜亭与雪香云蔚亭二小山之间石桥,仅搁一石板,

网师园小石桥
唤个月儿来,清光更多,只放冰壶一色。

不施阑干,极尽自然质朴之意,亦佳构。另一种为小型环洞桥,狮子林、网师园都有,以此二桥而论,前者不及后者为佳,因环洞桥不适宜建于水中部,水面既小,用此中阻,遂显庞大质实,略无空灵之感。后者建于东部水尽头,桥本身又小,从西东望,辽阔的水面中倒影玲珑,反之自桥西望,月门倒映水中,用意相同。中由吉巷半园,因地位狭小,将环洞变形,亦系出权宜之计。至于小溪,《园冶》所云"点其步石"的办法,尤能与自然相契合,实远胜架桥其上。可是此法,今日差不多已成绝响了。

园林的路,《清闲供》云:"门内有径,径欲曲。""室旁有路,路欲分。"今日我们在苏州园林所见,还能如此。拙政园中部道路,犹守明时旧规,从原来地形出发,加以变化,主次分明,曲折有度。环秀山庄面积小,不能不略作纡盘,但亦能恰到好处,行者有引人入胜之慨。然狮子林、怡园的故作曲折,使人莫之所从,既背自然之理,又多不近人情。因此矫揉造作,与自然相距太远的安排,实在是不艺术的事。

铺地，在园林亦是一件重要的工作，不论庭前、曲径、主路，皆须极慎重考虑。今日苏州园林所见，有仄砖铺地，大都铺于主路，施工简单，拼凑图案自由。碎石地，用碎石仄铺，可用于主路小径庭前，上面间有用缸片点缀一些图案。或缸片仄铺间以瓷片的，用法同前。鹅子地，或鹅子间加瓷片拼凑成各种图案，视上述的要细致雅洁多，但其缺点是石隙间的泥土，每为雨水及人力所冲扫而逐渐减少，又复较易长小草，保养费事，是需要改进的。冰裂地则用于庭前，苏南的结构有二：其一即冰纹石块平置地面，如拙政园远香堂前的，颇饶自然之趣，然亦有不平稳的流弊。其二则冰纹石间交接处皆

南京瞻园
步石为桥，饶有野趣。

对卯拼成，施工难而坚固，如留园涵碧山房前、铁瓶巷顾宅花厅的，都是极工整。至于庭前踏跺用天然石垒，如拙政园远香堂及留园五峰仙馆前的，皆饶野趣。

园林的墙，有乱石墙、磨砖墙、漏砖墙、白粉墙等数种。苏州今日所见，以白粉墙为最多，外墙有上开瓦花窗（漏窗开在墙顶部）的，内墙间开漏窗及砖框的，所谓粉墙花影，为人乐道。磨砖墙，园内仅建筑物上酌用之，园门十之八九贴以水磨砖砌成图案的，如拙政园大门。乱石墙只见于裙肩处。在上海南市薛家浜路旧宅中我曾见到冰裂纹上缀以梅花的，极精，似系明代旧物。西园以水花墙区分水面，亦别具一格。

联对、匾额在中国园林中，正如人之有须眉，是不能少的一件重要点缀品。苏州又为人文荟萃之区，当时园林建造复有文人画家的参与，用人工构成诗情画意，将平时所见真山水、古人名迹、诗词歌赋所表达的美妙意境，撷其精华而总合之，加以突出。因此山林岩壑，一亭一榭，莫不用文学上极典雅美丽而适当的词句来形容它，使游者入其地，览景而生情文，这些文字亦就是这个环境中最恰当的文字代表。例如拙政园的远香堂与留听阁，同样

拙政园仙鹤铺地

是一个赏荷花的地方，前者出"香远益清"句，后者出"留得残荷听雨声"句。留园的闻木樨香轩、拙政园的海棠春坞，又都是根据这里所种的树木来命名的。游者至此，不期而然地能够出现许多文学艺术的好作品，这不能不说是中国园林的一个特色了。我希望今后在许多旧园林中，如果无封建意识的文字，仅就描写风景的，应该好好保存下来。苏州诸园皆有好的题词，而怡园诸联集宋词，更能曲尽其意，可惜皆不存了。至于用材料，因园林风大，故十之八九用银杏木阴刻，填以石绿；或用木阴刻后髹漆敷色者亦有，不过色彩都是冷色。亦有用砖刻的，雅洁可爱。字体以篆隶行书为多，罕用正楷，取其古朴与自然。中国书画同源，本身是个艺术品，当然是会增加美观的。

树木之在园林，其重要性不待细述，已所洞悉，江南园林面积小，且都属封闭性，四周绕以高垣，故对于培花植木，必须深究地位之阴阳，土地之高卑，树木发育之迟速，耐寒抗旱之性能，姿态之古拙与华滋，更重要的为布置的地位与树石的安排了。园林之假山与池沼，皆真山水的缩影，因此树木的配置，不能任其自

戒幢寺西园水漏窗
林霏散浮暝,水光月色两相兼。

由发展。所栽植者,必须体积不能过大,而姿态务求毕备,虬枝傍水,盘根依阿,景物遂形苍老。因此在选树之时,尤须留意此端,宜乎李格非云:"人力胜者少苍古。"今日苏州树木常见的,如拙政园,大树用榆,留园中部多银杏,西部则漫山枫树。怡园面积小,故易以桂、松及白皮松,尤以白皮松树虽小而姿态古拙,在小园中最是珍贵。他则杂以松、梅、棕树、黄杨,在发育上均较迟缓。其次园小垣高,阴地多而阳地少,于是墙阴必植耐寒植物,如女贞、棕树、竹之类。岩壑必植高山植物,如松、柏之类。阶下石隙之中,植长绿阴性草类。全园中常绿者多于落叶者,则四季咸青,不致秋冬秃无物了。至于乔木若榆、槐、枫等,除每年修枝,使其姿态古拙入画外,此种树的根部甚美,尤以榆树等树龄大后,身空皮留,老干抽条,葱翠如画境。今日苏州园林中山巅栽树,大致有两种情况:第一类,山巅山麓只植大树而虚其根部,俾可欣赏其根部与山石之美,如留园的与拙政园的一部分。第二类,山巅山麓树木皆出丛竹或灌木之上,山石并攀以藤萝,使望去有深郁之感,如沧浪亭及拙政园的一部分。然二者设计者的依据有所不同。以我的分析,这些全在设计者所用树木的各异,如前者师元代画家倪瓒(云林)的清逸作风,后者则效明代画家沈周(石田)的沉郁了。至于滨河低卑之地,种柳、栽竹、植芦,而墙阴栽爬山虎、修竹、天竹、秋海棠等,叶翠,花冷,实鲜,高洁耐赏。但此等亦必须每年修剪,不能任其发育。

园林栽花与树木同一原则,背阴且能略受阳光之地,栽植桂花、山茶之类,此二者除终年常青外,且花一在秋,一在春初,都是群花未放之时,而姿态亦佳,掩映于奇石之间,冷隽异常。紫藤则入春后一架绿荫,满树繁花,望之若珠光宝露。牡丹作台,衬以文石阑干,实牡丹宜高地向阳,兼以其花华丽,故不得不使然。他若玉兰、海棠、牡丹、桂花等同栽庭前,谐音为"玉堂富贵",当然命意已不适于今日,但对于开花的季节与色彩的安排,前人未始无理由的。桃李则宜植林,适于远眺,此在苏州,仅范围大的如留园、拙政园可以酌用之。

树木的布置,在苏州园林有两个原则:第一,用同一种树植之成林,如怡园听涛处植松,留园西部植枫,闻木樨香轩前植桂。但又必须考虑到高低疏密间及与环境的关系。第二,用多种树同植,其配置如作画构图一样,更要注意树的方向及地的高卑是否适宜于多种树性,树叶色彩的调和对比,常绿树与落叶树的多少,开花季节的先后,树叶形态,树的姿势,树与石的关系,必然要做到片山多致,寸石生情,二者间是一个有机的联系才是。更须注意的它与建筑物的式样、颜色的衬托,是否已做到"好花须映好楼台"的效果。水中植荷,似不宜多。因荷多必减少水的面积,楼台缺少倒影,故宜略点缀一二,亭亭玉立,摇曳生姿,隔秋水宛在水中央。据云昆山顾氏园藕植于池中石板底,石板仅凿数洞,俾不使其自由繁殖。刘师敦桢云:"南京明徐氏东园池底置缸,植荷其内。"用意相同。

苏南园林以整体而论,其色彩以雅淡幽静为主,它与北方皇家园林的金碧辉煌,适成对比。其所以如此,以我个人见解:第一,苏南居住建筑所施色彩,在梁枋柱头皆用栗色,挂落用墨绿,有时柱头用黑色退光,都是一些冷色调,与白色墙面,起了强烈的对比。而花影扶疏,又适当地冲淡了墙面强白,形成良好的过渡,自多佳境了。且苏州园林皆与住宅相联,为养性读书之所,更应以清静为主,宜

西白塔子巷李氏园
杏花疏影里,画帘低卷燕归来。

乎有此色调。它与北方皇家花园那样宣扬自己威风与炫耀富贵的,在作风上有所不同。但苏州园林,士大夫未始不欲炫耀富贵,然在装修,选石,陈列上用功夫,在色彩上仍然保持以雅淡为主的原则。再以南宗山水而论,水墨浅绛,略施淡彩,秀逸天成,早已印在士大夫及文人画家的脑海中,自然由这种思想影响下,设计出来的园林,当然不会用重彩贴金了。加以江南炎热,朱红等热颜料亦在所非宜,封建社会的民居尤不能与皇家同一享受,因此色彩只好以雅静为归,用清幽胜丽,设计上用少胜多的办法了。此种色彩其佳处是与整个园林轻巧的外观,灰白的江南天色,秀茂的花木,玲珑的山石,柔媚的流水,都能相配合调和,予人的感觉是淡雅幽静。这又是江南园林的特征了。

中国园林还有一个特色,就是设计者考虑到不论风雨明晦,景色咸宜,在各种自然条件下,都能予人们以最大最舒适的美感。除山水外,楼横堂列,廊庑回缭，阑楯周接，木映花承，是起了最大的作用的，使人们在各种自然条件下来欣赏园林。诗人画家在各种不同的境界中，产生了各种不同的体会，如夏日的蕉廊，冬日的梅影、雪月，春日的繁花、丽日，秋日的红蓼、芦塘，虽四时之景不同，而景物无不适人。至于松风听涛，菰蒲闻雨，月移花影，雾失楼台，斯景又宜其览者自得之。这种效果的产生，主要是设计者对文学艺术的高度修养，而与实际的建筑相结合，使理想中的境界付之于实现，并撷其最佳者而予以渲染扩大。如叠石构屋，凿水穿泉，栽花种竹，都是向这个目标前进的。文学家艺术家对自然美的欣赏，不仅在一个春日的艳阳天气，而是要在任何一个季节，都要使它变成美的境地。因此，在花影考虑到粉墙，听风考虑到松，听雨考虑到荷叶，月色考虑到柳梢，斜阳考虑到漏窗，岁寒考虑到梅竹等，都希望理想中的幻景能付诸实现，故其安排一石一木，都寄托了丰富的情感，宜乎处处有情，面面生意，含蓄有曲折，余味不尽了。此又为中国园林的特征。

五

以上所述，系就个人所见，掇拾一二，提供大家参考。我相信苏州园林不但在中国造园史上有其重要与光辉的一页，同时今日尚为广大人民游憩之所。为了继承与发挥优良的文化传统，此份资料似有提出的必要。当然管见所及，定多不妥，还希望大家提出予以指正。

一九五六年十月，陈从周写竟初稿于同济大学建筑系建筑历史教研组。

常熟园林

　　常熟毗邻苏州,园林所存其数亦多,为今日研究江南园林重要地区之一。现在将调查所得介绍于下:

　　燕园:位于城内辛峰街,又名"燕谷园"。本蒋氏所构。钱叔美作《燕园八景图》。咸丰间属归氏,清末归《续孽海》作者张鸿(燕谷老人)。在常熟诸园中规模属于中型,但保存较为完整,为今日常熟诸园中的硕果。

　　这园的平面狭长,可分为东、西、北三部分。我们从冷僻的辛峰街上一个小石库门入园,门屋五间北向,其西长廊直向北。稍进复有东西向之廊横贯左右,将这一区划分为二。循廊至东部系一小池,池旁耸立假山,山南书斋四间,极饶幽趣。池水沿山绕至书斋旁,曲折循山势如环抱状,上架三曲石桥,桥复有廊。山间立峰,其形多类猿猴,或与苏州狮子林之命意同出一曰。山下水口曲折,势若天成,实为佳构。山巅白皮松一本,高达数丈,虬枝映水,玉树临风。池北西向建一楼,登楼可望虞山。楼旁为花厅三间,是前后二区间极好的过渡。自花厅旁上砖梯登阁,阁八边形,亦西向,今废,用意与楼相同。梯后杂置修竹数竿,成为极好的留虚办法。阁下假山二区,上贯石梁,山下有洞,题名"燕谷",曲折可通。洞内有水流入,上点"步石",巧思独运。这处假山虽运用黄石,而叠砌时,并不都用整齐的横向积叠,凹凸富有变化,故觉浑成。尤其山巅植松栽竹,宛若天生,在树艺一方面有其特有之成就,是值得研究的。在此小范围中,虽曲折深幽略逊苏州环秀山庄,但能独辟蹊径,因地制宜,仿佛作画布局新意层出,不落前人窠臼。传假山与苏州环秀山庄同出戈裕良之手(钱泳《履园丛话》"燕谷"条:"前台湾知府蒋元枢所筑。后五十年,其族子泰安令因培购之,倩晋陵戈裕良叠石一堆,名曰燕谷。园甚小,而曲折得宜,结构有法。"),从设计手法看,似可征信。山后为内厅三间,庭前古树成荫,是主人住处。其旁西向有旱船一,今已废。观其址,其间亦小有曲折。厅西为长廊直通园门。

园以整体而论,将狭长地形划分为三区。入门为一区,利用直横二廊以及其后的山石,使人入园有深邃不可测之感。东折小园一方,山石嶙峋,又别有天地。尤可取的,是从小桥导入山后的书斋,更为独具曲笔。后部内屋又以假山中隔,两处遥望,则觉庭院深深,空间莫测。

赵园:位于西门彭家场,又名"赵湖园",旧名"水吾园"。清代同光间为赵烈文别业,易名赵湖园,其后归武进盛宣怀。盛氏改为宁静莲社,供僧侣居之。解放后为常熟县立师范校址。

园以一大池为主,其西南两面周以游廊,缀以水阁。旱船在池的南端,其前有九曲桥可导至池中小岛。岛西有环洞桥,园外水即自此入内。北有水轩三间,面临小岛。南面廊外原有小院一区,东面亦有建筑物,皆已不存。今池水因辟操场有所填没,面积已较从前大减。

以今日所存推想当日情况,设计时运用园外活流进入池中,以较辽阔的水面与回廊、平冈相配合,并以园外虞山为借景,引山色入园,实能从大处着眼深究借景的。

虚廓园:又名虚廓居,在九万圩西,即明代钱岱(秀峰)小辋川废址的一部分,光绪年刑部郎中曾之撰(曾朴之父)所建。入门水榭三间,其前池水透迤,度九曲桥至荷花厅,坐厅中,可眺虞山。厅后小院一方,植山茶数本。东折又有一院,均曲折有度,为此园今日最完整处。东首残留假山废墟,其间的廊屋亭台皆已不存。西部为曾氏住宅,系洋楼三间,满攀藤萝,其前植各种月季数千本,今皆不存,而红豆一树犹为园中珍木。

此园陆与水的面积相近,空间也较辽阔,变化比赵湖园为多,可惜除小院二区尚有其旧外，余仅能依稀得之。今为常熟县立师范宿舍。

壶隐园：在西门西仑桥，明左都御史陈察旧第。嘉庆十年(1805)，吴竹桥礼部长君曼堂得之(见钱泳《履园丛话》"壶隐园"条)，后归丁祖荫(芝荪)。园前建有藏书楼。

园甚小，有池一，池背小山上建三层楼，白皮松数竿，苍翠入画。人坐园中，视线穿古松高阁，但见虞山在后若屏，尽入眼底。此园特色是假山较低，点缀园内，其用意或是烘托虞山。

顾氏小园：位于环秀街。原为明钱岱故宅一部分，清为顾葆和所有，名"环秀居"。厅南小院置湖石杂树，楚楚有致。厅北凿大池，隔池置假山，山下洞壑深幽，崖岸曲折，似仿太湖风景。山上白皮松一株，古拙矫挺。厅东原有廊可通至假山，今已不存。假山后虞山如画，成为极妙的借景。厅建于明末，施彩绘，有木制瓣形柱与栣，在苏南尚属初见。

此园布局仅用一大池，崖岸一角，招虞山入园，简劲开朗，以少胜多，在苏南仅此一例。

澄碧山庄：在北门外，原为沈氏别业。传沈氏佞佛，故此园精舍独佳。今已为小学校舍。池水仅留数方，假山但存一角，其布局似与赵园相仿而略小。厅前小院一角，海棠二本扶苏接叶，而曲廊外虞山全貌几全入园中，为此园最佳处。

东皋：在镇海门外。又名"瞿园"。系明代瞿汝说所构，子式耜又有增修。今建筑都非旧物，仅存花厅一，其前凿小池，旁有廊可通至池南假山，古木一二，犹是数百年前旧物。

庞氏小园：在荷香馆。花厅三间南向，厅前东侧倚墙建小亭，亭隐于假山中。厅后有一小池，其上贯以三曲小桥。岸北原有假山建筑物，今已不存。

市图书馆小园：在县南街。小园半亩，在极有限的地面上满布亭台山石。其布局中心为一小池，四周假山较高，仿佛一个深渊。沿墙环以游廊，北面置一旱船，仅前舱一部分。旁筑一极小的半亭，池上覆以三曲桥。此外尚有西半亭、东亭等，结构似觉拥挤，但在如此窄狭的范围内经营，亦是煞费苦心的。

之园：在荷香馆。又名"九曲园"，园系翁同龢之侄曾桂所构，今已改建为医院。其中荷池狭长，水自城河中贯入，涓涓清流，自多生意，而榆柳垂荫，曲廊映水,较他园更饶空旷之感。

城隍庙小园:常熟县城隍庙在西门大街,今为县人民政府。园北墙下叠山,山不高,用来陪衬虞山。山下小池曲折,池旁列湖石,水中倒影,历历如画。池中原有石舫一,今已毁。

常熟园林与苏州同一体系,因两县的自然条件与经济文化条件相似,其设计方法,自然相近了。但在实际应用时,原则虽同,又因当地的地形与环境有其特殊性而有所出入。常熟为倚山之城,其西部占虞山的东麓,因此城内造园均考虑到对这一自然景色的运用。其运用可分为两种:第一种,如赵园、虚廓园等,园内水面较广,衬以平冈小阜,其后虞山若屏,俯仰皆得。其周围筑廊,间以漏窗,园外景物,更觉空灵。第二种,如燕园、壶隐园,园较小,复间有高垣,无大水可托。其"借景"之法,则别出心裁,园内布局另出新意。其法是在园内建高阁,下构重山,山巅植松柏丛竹。登阁凭阑可远眺虞山,俯身下瞰则幽壑深涧,丛篁虬枝,苍翠到眼。

总之,常熟县城,在利用自然的地形上,构成了不规则的城市平面,而作为民居建筑的一部分——园林,复能结合自然环境,利用人工景物,将天然山色组织到居住区域中,实在是今日建筑设计工作者应当学习的地方。

一九五八年

扬州园林①

    扬州是一个历史悠久的古城,很早以前就多次出现过繁华景象,成为我国经济最为富庶的地方;由于物质基础的丰厚,从而为扬州文化艺术的发展创造了有利的条件。表现在园林与住宅方面,也有其独特的成就和风格。

    从历史的发展来看,远在公元前四八六年周敬王三十四年,吴王夫差即在扬州筑邗江城,并开凿河道,东北通射阳湖,西北至米口入淮,用以运粮。这是扬州建城的开始和"邗沟"得名的由来。扬州由于地处江淮要冲,自东汉后便成为我国东南地区的政治军事重地之一。从经济条件来说,渔、盐、工农业等各种生产都很发达,同时又是全国粮食、盐、铁等的主要集散地之一;隋唐以后更成为我国对外文化联络和对外贸易的主要港埠。这些都奠定了扬州趋向繁荣的物质基础。

    隋唐时代的扬州,是极为重要而富庶的地方。从隋文帝(杨坚)统一南北以后,江淮的富源得到了繁荣的机会,扬州位于江淮的中心,自然也就很快地兴盛起来。其后隋炀帝(杨广)来到扬州,恣意寻欢作乐,又大兴土木,建造离宫别馆。虽然这时的扬州已开始呈现空前的繁荣,却不能使扬州的富庶得到真正的发展。但是隋炀帝时开凿的运河,则又使扬州成为连接南北水路交通的枢纽,为以后经

---

    ① 本文原名为《扬州园林与住宅》,因删去住宅部分内容,现名为编辑所改。

冶春园

济繁荣提供了有利的条件。在建筑技术上，由于北方匠师与江南原有的匠师在技术上得到交流与融合，更大大地推进了日后扬州建筑的发展。唐代诗人杜牧曾有"谁知竹西路，歌吹是扬州"的诗句，从中亦可看出城市的繁华现象。

早在南北朝时期（420～589），宋人徐湛之即在平山堂下建有风亭、月观、吹台、琴室等。到唐朝贞观年间（627～649），有裴谌的樱桃园，已具有"楼台重复，花木鲜秀"的境界，而郝氏园还要超过它。但唐末这些园林都受到了破坏。宋时有郡圃、丽芳园、壶春园、万花园等，多水木之胜。金兵南下，扬州受到极大的破坏。正如南宋姜夔于淳熙三年（1176）《扬州慢》词中所咏："自胡马窥江去后，废池乔木，犹厌言兵。渐黄昏，清角吹寒，都在空城。"同时宋金时期运河已经阻塞，至元初漕运不得不改换海道，扬州的经济就不如过去繁荣了。元代仅有平野轩、崔伯亨园等二三例记载。明代初叶，运河经过整修，又成为南北交通的动脉，扬州也重新形成了两淮区域盐的集散地。明中叶后由于资本主义经济的萌芽，城市更趋繁荣，除盐业以外，其他的商业与手工业也都获得了发展，到十七八世纪

五亭桥

的清代,扬州的经济在表面上可说是到了最繁荣的时期。这种繁荣实际上是统治阶级穷奢极侈、腐化堕落、消极颓唐、享乐寻欢的具体表现。而扬州的劳动人民,却以他们的勤劳与智慧,创造了独特的园林建筑艺术,为我国古代文化遗产作出了一定的贡献。

明代中叶以后,扬州的商人以徽商居多,其后赣商、湖广(湖南、湖北)商、粤商等亦接踵而来。他们与本地商人共同经营了商业,所获得的大量资金并没有积累起来从事再生产。他们除了把金钱花费在奢侈的生活之外,又大规模地建筑园林和住宅。由于水路交通的便利,随着徽商的到来,又来了许多徽州的建筑匠师,使徽州的建筑手法融合在扬州建筑艺术中。各地的建筑材料,加上附近香山(苏州香山)匠师,更由于舟运畅通,各地的建筑材料源源到达扬州,使扬州建筑艺术更为增色。在园林方面如明万历年间(1573～1619)太守吴秀所筑的"梅花岭",叠石为山,周以亭台;明末郑氏兄弟(元嗣、元勋、元化、侠如)的四处大园林:嘉树园、影园、五亩之园、休园,不论在园的面积上及造园艺术上都很突出。影园是著名园林家松陵(吴江)计成的作品,园主郑元勋因受匠师的熏陶,亦粗解造园之术。这时的士大夫就是那样"寄情"于山水,而匠师们却在地处平原的扬州叠石凿池,以有限的空间构成无限的景色,建造了那"宛自天开"的城市山林。这些都为后来清乾隆时期(1736～1795)的大规模兴建园林,在技术上奠定了基础。

清兵南下,扬州人民奋勇抵抗,牺牲很大,这些建筑也受到了极大的破坏,只有从现存的几处楠木厅,尚能看到当时建筑手法的片断。

清初,官吏在扬州建有王洗马园、卞园、员园、贺园、冶春园、南院、郑御史园、筱园等,号称八大名园。乾隆时因高宗(弘历)屡次"南巡",当地官员便大事建筑亭、台、楼、阁[①];扬州的绅商们想争宠于皇室,达到升官发财的目的,也竞相修建园林。自瘦西湖至平山堂一带,更是"两堤花柳全依水,一路楼台直到山",有二十四景之称,著名于世。所以李斗在《扬州画舫录》卷六中引刘大观言:

"杭州以湖山胜,苏州以市肆胜,扬州以园林胜。三者鼎峙,不可轩轾,淘至论也。"清朝的皇室正利用这种"南巡"的机会进行搜括,美其名为"报效",商人则在盐中"加价",继而又"加耗";皇帝还从中取利,在盐中提成,名"提引";皇帝又发官款借给商人,生息取利,称为"帑利"。日久之后,"官盐"价格日高,商人对盐民的剥削日益加重,广大人民的吃盐也更加困难。而官商则凭着搜括得来的资金,不惜任意挥霍,争建大型园林与住宅。这一时期的园林兴造之风,正如《扬州画舫录》谢溶生序中所说:"增假山而作陇,家家住青翠城闉。开止水以为渠,处处是烟波楼阁。"流风所及,形成了一种普遍造园的风气。因此除瘦西湖上的园

---

① 《水窗春呓》卷下"维扬胜地"条:"扬州园林之胜,甲于天下。由于乾隆六次南巡,各盐商穷极物力以供宸赏,计自北门抵平山,两岸数十里楼台相接,无一处重复,其尤妙者在虹桥迤西一转,小金山蠹其南,五顶桥锁其中,而白塔一区雄伟古朴,往往夕阳返照箫鼓灯船,如入汉宫图画,盖皆以重资广延名士为之创稿,一一布置使然也。城内之园数十,最旷逸者断推康山草堂,而尉氏之园,湖石亦最胜,闻移植时费二十余万金。其华丽缜密者为张氏观察所居,俗称谓张大麻子是也。张以一寒士五十外始补通州判,十年而拥资百万,其缺固优,凡盐商巨案皆令其承审,居间说合,取之如携,后已捐升道员分发甘肃;蒋相国为两江,委其署理运司,为言官所纠,罢去,蒋亦由此降调,张之为人盖亦世俗所谓非常能员耳。余于戊戌(道光十八年,1838)赘婚于扬,曾往其园一游,未几日即毁于火,犹幸眼福之未差也。园广数十亩,中有三层楼可瞰大江,凡赏梅赏荷赏桂赏菊皆各有专地。演剧宴客上下数级如大内式。另有套房三十余间,回环曲折不知所向,金玉锦绣四壁皆满,禽鱼尤多……"

林外,如天宁寺的"行宫御花园"、法净寺的东西园、盐运署的题襟馆、湖南会馆的
隶园、以及九峰园、秦氏意园、小玲珑山馆等,都很著名。其他如祠堂、书院、会
馆,下至餐馆、妓院、浴室等,也都模拟叠石引水,栽花种竹。这种庭院内略加点
缀的风气似乎已成为建筑中不可缺少的部分。

　　从整个社会来看,乾隆以后,清朝的统治开始动摇,同时中国两千年的封建
社会,也逐渐走向下坡,清帝也就不再"南巡"了。到嘉庆时,扬州盐商日渐衰落。
鸦片战争以后,继以《江宁条约》五口通商,津浦铁路筑成,同时海上交通日趋发
达,扬州在经济、交通上便失去了其原有的地位。早在道光十四年(1834)阮元作
《扬州画舫录》跋文,道光十九年(1839)又作后跋,历述他所见的衰败现象,已到
了"楼台荒废难留客,林木飘零不禁樵"的地步[1][2],比太平天国军于一八五三年
攻克扬州还早十九年。由此可见过去的许多记载,把瘦西湖一带园林毁坏的责
任全部归咎于太平天国,显然是错误的。咸丰、同治以后,扬州已呈时兴时衰的

---

　　① 《水窗春呓》卷下"广陵名胜"条:"扬州则全以园林亭榭擅场,虽皆由人工,而匠心灵构,城北
七八里夹岸楼舫,无一同者,非乾隆六十年物力人才所萃未易办也。嘉庆一朝二十五年已渐颓废。
余于己卯(嘉庆二十四年,1819)、庚辰(嘉庆二十五年,1820)间侍母南归,犹及见大小虹园,华丽曲
折,疑游蓬岛,计全局尚存十之五六。比戊戌(道光十八年,1838)赘姻于邗,已逾二十年,荒田茂草已
多,然天宁门外之梅花岭东园、城闉清梵、小秦淮、虹桥、桃花庵、小金山、云山阁、尺五楼、平山堂皆尚完
好,五六七诸月游人消夏,画船箫鼓,送夕阳,醉新月,歌声遏云、花气如雾,风景尚可肩随苏杭也……"
　　② 《龚自珍全集》第三辑《己亥(道光十九年,1839)六月重过扬州记》:"居礼曹,客有过者曰:卿
知今日之扬州乎? 读鲍照《芜城赋》,则过之矣,余悲其言。……扬州三十里首尾曲折高下见。晓雨
沐屋,瓦鳞鳞然,无零甃断甓,心已疑礼曹过客言不实矣。……客有请吊蜀冈者,舟甚捷……舟人时
时指两岸曰,某园故址也,某家酒肆故址也,约八九处,其实独倚虹园圮无存。曩所信宿之西园,门
在,悬榜在,尚可识,其可登临者尚八九处,阜有桂,水有芙蕖菱芡,是居扬州城外西北隅,最高秀。"
(从周案:龚氏匆匆过扬州,所见甚略,文虽如是,难掩荒败之景。)
　　钱泳《履园丛话》卷二十平山堂条:"扬州之平山堂,余于乾隆五十二年(1787)秋始到,其时九峰
园、倚虹园、西园曲水、小金山、尺五楼诸处,自天宁门起,直到淮南第一观,楼台掩映,朱碧新鲜,宛入
赵千里仙山楼阁。今隔三十余年,几成瓦砾场,非复旧时光景矣……"
　　《魏源集》中有记扬州园林盛衰之诗,《扬州画舫曲十三首之一》:"旧日鱼龙识翠华,池边下鹄树
藏鸦。离宫卅六荒凉尽,不是僧房不见花。"(从周案:凡名园皆为园丁拆卖,唯属僧管之桃花庵、小金
山、平山堂三处,至今尚存。)《江南吟》注云:"平山堂行宫属园丁者,皆拆卖无存,唯僧管三处如故。"
故有"岂独平山僧庵胜园隶"句。魏氏于清道光十五年(1835)买宅于扬州新城,甃石栽花,养鱼饲鹤,
名曰"絜园",其时尚在太平天国革命战争之前。

回光返照状态。所谓"繁荣"只是靠镇压太平天国起家的官僚富商,在清末粉饰太平而已。民国以后,园林与大型住宅被破坏得更多。兼以"盐票"的取消,盐商无利可图,坐吃山空,因而都以拆屋售料、拆山售石为生,当年繁华一时的扬州园林,如今已难窥全貌了。

扬州位于我国南北之间,在建筑上有其独特的成就与风格,是研究我国传统建筑的一个重要地区。很明显,扬州的建筑是北方"官式"建筑与江南民间建筑两者之间的一种介体。这与清帝"南巡"、四商杂处、交通畅达等有关,但主要还是匠师技术的交流。清道光间(1821~1850)钱泳《履园丛话》卷十二载:"造屋之工,当以扬州为第一。如作文之有变换,无雷同。虽数间之筑,必使门窗轩豁,曲折得宜……盖厅堂要整齐,如台阁气象;书斋密室要参差,如园亭布置,兼而有之,方称妙手。"在装修方面,也同样考究,据同书卷十二载:"周制之法,唯扬州有之。明末有周姓者,始创此法,故名周制。"北京圆明园的重要装修,就是采用"周制"之法,系由扬州"贡"去的。(从周案:据友人王世襄说:"所谓'周制',当指周翥所制的漆器,见谢堃《金玉琐碎》。……故钱泳说:'明末有周姓者,始创此法。'不可信。")其他名匠如谷丽成、成烈等,都精于宫室装修。姚蔚池、史松乔、文起、徐履安、黄晟、黄履暹兄弟(履美、履昂)等,对于建筑及布置方面都有不同的造诣。又据《扬州画舫录》卷二记载:"扬州以名园胜,名园以叠石胜。"在叠山方面,名手辈出。如明末叠影园山的计成,清代叠万石园、片石山房的石涛,叠白沙翠竹与江村石壁的张涟,叠怡性堂宣石山的仇好石,叠九狮山的董道士,叠秦氏意园小盘谷的戈裕良,以及王天于(从周案:朱江以扬州博物馆藏王氏遗嘱见示,应作王庭余。王殁于道光十年,寿八十。其后裔尚继其业)、张国泰等。晚近有叠萃园、怡庐、匏庐、蔚圃和冶春等的余继之。他们有的是当地人,有的是客居扬州的外地人,在叠山技术方面,彼此互相交流,互相推敲,都各具有独特的成就,在扬州留下了许多艺术作品,使我国叠山艺术得到了进一步的提高。

关于扬州园林及建筑的记述,除通志、府志、县志等记载外,尚有清乾隆间的《南巡盛典》《江南胜迹》《行宫图说》《名胜园亭图说》,程梦星《扬州名园记》《平山堂小志》,汪应庚《平山堂志》,赵之璧《平山堂图记》,李斗《扬州画舫录》,以及稍后的阮中《扬州名胜图记》,钱泳《履园丛话》,道光间骆在田《扬州名胜图》和晚近王振世《扬州览胜录》,董玉书《芜城怀旧录》等等,而尤以李斗《扬州画舫录》记载最为详实。其中《工段营造录》一卷,取材于《大清工部工程做法则例》与《圆明园则例》,旁征博引,有历来谈营造所不及之处。

扬州位于长江下游北岸,与镇江隔江对峙。南濒大江,北负蜀冈,西有扫垢山,东沿运河,就地势而论较为平坦,西北略高而东南稍低。土壤大体可分两类:西北山丘地区有属含钙的黏土;东南为冲积平原,地属沙积土;市区则多瓦砾层。扬州气候属北温带,为亚热带的渐变地区,夏季最高平均温度在 30 摄氏度左右,冬季最低平均温度在 1～2 摄氏度。因为离海很近,夏季有海洋风,所以较为凉爽,冬季则略寒冷。土壤冻结深度一般为 10～15 厘米。年降雨量一般都在1000 毫米以上。至于风向,因属季候风区域,夏季多东风,冬季多西北风,常年的主导风为东北风。在台风季节,还受到一定的台风影响。

扬州的自然环境,既具有平坦的地势,温和的气候,充沛的雨量以及较好的土质,有利于劳动生产与生活;又地处交通的中心,商业发达,因此也促进了建筑的发展。不过在这样的自然条件下,以建筑材料而论,扬州仍然缺少木材与石料,因此大都是仰给于外地。在官僚富商的住宅与园林中,更多出现了珍贵的建筑材料,如楠木、紫檀、红木、花梨、银杏、大理石、高资石、太湖石、灵璧石、宣石等。

当时扬州园林与住宅的分布,比较集中在城区,而最大的建筑又多在新城。按其发展情况,过去旧城居住者为士大夫与一般市民,而新城则多盐商。清中叶前盐商多萃集在东关街一带,如小玲珑山馆、寿芝园(个园前身)、百尺梧桐阁、约园与后来的逸圃等;较晚的有地官第的汪氏小苑,紫气东来巷的沧州别墅等皆与此相邻。稍后渐渐扩展到花园巷南河下一带,如秋声馆、随月楼、片石山房、棣园、寄啸山庄、小盘谷等。这些园林与住宅的四周都筑有高墙,外观多半与江南的城市面貌相似。旧城部分建筑较为低小,但坊巷排列却很整齐,还保留了苏北地区朴素的地方风格。这是与居住者的经济基础分不开的。较好的居住区,总是在水陆交通便利、接近盐运署与商业区的附近。

目前扬州城区保存得还比较完整的园林,尚有大小三十多处。具有典型性的,要推片石山房、个园、寄啸山庄、小盘谷、逸圃、余园、怡庐和蔚圃等。住宅为数尚多,如卢宅、汪宅、赵宅、魏宅等,皆为不同类型的代表。我们几年来作了较全面的调查与测绘⋯⋯提供一份研究扬州园林与住宅的参考资料。

园　林

　　片石山房一名双槐园,在新城何芷舠宅内。初系吴家龙的别业,后属吴辉谟[①]。今尚存假山一丘,相传为石涛手笔,誉为石涛叠山的"人间孤本"。假山南向,从平面来看,是一座横长形的倚墙山,西首以今存气势而言,应为主峰,迎风耸翠,奇峭迫人,俯临清池。人们从飞梁(用一块石造成的桥)经过石磴,旁有蜡梅一株,枝叶扶疏。曲折地沿着石壁可登临峰顶,峰下筑正方形石室两间,所谓片石山房就是指此室而言。向东山石蜿蜒,中构石洞,很是幽深,运石浑成,仿佛天然。可惜洞西的假山已倾倒,山上的建筑物也不存在,无法看到它的原来全貌了。这种布局的手法,大体上还继承了明代叠山的惯例,不过重点突出,使主峰与山洞都更为显著罢了。全局的主次分明,虽然地形不大,布置却很自然,疏密适当,片石峥嵘,很符合片石山房这个名字的含义。扬州园林叠山以运用小料见长,石涛曾经叠过万石园,想来便是运用高度的技巧,将小石拼镶而成。在堆叠片石山房之前,石涛对石材进行了周密的选择,以石块的大小、石纹的横直,分别组合,模拟成真山形状;还运用了他画论上的"峰与皴合,皴自峰成"(见石涛《苦瓜和尚论画录》)的道理,叠成"一峰突起,连冈断堑,变幻顷刻,仍续不续"(见石涛《苦瓜小景》题辞)的章法。因此虽高峰深洞,却一点没有人工斧凿痕迹,显出皴法的统一,全局紧凑,虚实对比有方。据《履园丛话》卷二十:"扬州新城花园巷

---

　　① 清嘉庆《江都县续志》卷五:"片石山房在花园巷,吴家龙辟,中有池,屈曲流前为水榭,湖石三面环列,其最高者特立耸秀,一罗汉松踞其巅,几盈抱矣,今废。"

　　清光绪《江都县续志》卷十二:"片石山房,在花园巷,一名双槐园,县人吴家龙别业,今粤人吴辉谟修葺之,园以湖石胜,石为狮九,有玲珑夭矫之概。"

　　续纂光绪《扬州府志》卷五:"片石山房在徐宁门街花园巷,一名双槐园,旧为邑人吴家龙别业,池侧嵌太湖石,作九狮图,夭矫玲珑,具有胜概,今属吴辉谟居焉。"

　　《花间花语》:"片石山楼为廉使吴之黼字竹屏别业,山石乃牧山僧所位置,有听雨轩、瓶榈斋、蝴蝶厅、梅楼、水榭诸景,今废,只有听雨轩,水榭为双槐茶园。"书刊于嘉庆庚辰(1820),为时较晚,作者留扬时间甚暂,似出误传。

假山

又有片石山房者。二厅之后,潴以方池,池上有太湖石山子一座,高五六丈,甚奇峭,相传为石涛和尚手笔。其地系吴氏旧宅,后为一媒婆所得,以开面馆,兼为卖戏之所,改造大厅房,仿佛京师前门外戏园式样,俗不可耐矣。"以上记载与志书所记,地址是相符合的,二厅今尚存其一,系面阔三间的楠木厅,它的建造年代当在乾隆年间。山旁还存有走马楼(串楼),池虽被填没,可是根据湖石驳岸的范围,尚能想象与推测到旧时水面的情况。假山所用湖石和记载亦能一致。山峰高出园墙,它的高度和书中所云相若,顶部今已有颓倾。至于叠石之妙,独峰耸翠,秀映清池,确当得起"奇峭"二字。石壁、磴道、山洞,三者最是奇绝(详见《文物》1962 年 2 月号拙文《扬州片石山房》,并参阅本篇"小盘谷"节)。石涛叠山的方法,给后世影响很大,而以乾隆年间的戈裕良最为杰出。他的叠山法,据《履园丛话》卷十二:"……只将大小石钩带联络,如造环洞法,可以千年不坏,要如真山洞鑿一般，然后方称能事。"苏州的环秀山庄、常熟的燕园，都是现存戈氏的作品，还保存了这种钩带联络的做法。

个园在东关街，是清嘉庆、道光间盐商两淮商总黄应泰（至筠）所筑。应泰别号个园，园内又植竹万竿，所以题名"个园"。据刘凤诰所撰《个园记》："园系就寿芝园旧址重筑。"寿芝园原来叠石，相传为石涛所叠，但没有可靠的根据。或许因园中的黄石假山，气势有似安徽的黄山，石涛善画黄山景，就附会

寄啸山庄园门

是他的作品了。个园范围原来较现存要大些，现今住宅部分经维修后，仅存中路与东路，大门及门屋已毁，照壁上的砖刻都很精致。住宅各三进。中路大厅之明间（当中的一间）减去两根"平柱"，这样它的开间就敞大了，应该说是当时为了兼作观戏之用才这样处理的。每进厅房，都有套房小院，各院中置不同形式的花坛，竹影花香，十分幽雅。园林在住宅的背面，从"火巷"（屋边小弄，北方称夹道，吴中称避弄）中进入，有一株老干紫藤，浓荫深郁，人们到此便能得到一种清心悦目的感觉。往前左转达复道廊（两层的游廊），迎面有两个花坛，满植修竹，竹间放置了参差的石笋，用一真一假的处理手法，象征着春日山林。竹后花墙正中开一月洞门，上面题额是"个园"。门内为桂花厅，前面栽植丛桂，后面凿池，北面沿墙建楼七间，山连廊接，木映花承，登楼可鸟瞰全园。池的西面原有二舫，名"鸳鸯舫"。与此隔水相对耸立着六角亭，亭倒映池中，清澈如画。楼西叠湖石假山，名"秋云"，秀木繁荫，有松如盖。山下池水流入洞谷，渡过曲桥，有洞若屋，曲折幽邃，苍劲夭矫，能发挥湖石形态多变的特征。因为洞屋较宽畅，洞口上部山石

外挑,而水复流入洞中,兼以石色青灰,在夏日更觉凉爽。此处原有"十二洞"之称。假山正面向阳,湖石石面变化又多,尤其在夏日的阳光与雨雾中,所起的阴影变化更是好看,予人有夏山多态的感觉,因此称它为"夏山"。山南今很空旷,过去当为植竹的地方,想来万竿摇碧,流水湾环,又另生一番境界。从湖石的磴道引登山巅,转至七间楼,循楼、廊与复道可达东首的黄石大假山,山的正面向西,每当夕阳西下,一抹红霞,映照在黄石山上,不但山势显露,并且色彩倍觉醒目。而山的本身,又是拔地数丈,峻峭凌云,宛如一幅秋山图,是秋日登高的理想之地。它的设计手法与春景夏山同样利用不同的地位、朝向、材料与山的形态,达到各具特色的目的。山间有古柏出石隙中,使坚挺的形态与山势互相呼应,苍绿的枝叶又与褐黄的山石取得调和,它与春景用竹,夏山用松,在植物的配置上,能从善于陪衬与加深景色出发,是经过一番选择与推敲的。磴道置于洞中,洞顶钟乳垂垂(以黄石倒悬,代替钟乳石),天光隐隐从石窦中透入,人们在洞中上下盘旋,造奇制胜,构成了立体交通,发挥了黄石叠山的效果。山中还有小院、石桥、石室等与前者的综合运用,这又是别具一格的设计方法,在他处园林中尚未见。山顶筑亭,人在亭中见群峰皆移置脚下,北眺绿杨城廓、瘦西湖、平山堂及观音山诸景,一一招入园内,是造园家极巧妙的手法,称为"借景"。山南有一楼,上下皆可通山。楼旁有一厅,厅的结构是用硬山式(建筑物只前后两坡用屋顶,两侧用山墙),悬"透风漏月"匾额,厅前堆白色雪石(宣石)假山,为冬日赏雪围炉的地方。因为要象征有雪意,特将假山置于南面向北的墙下,看去仿佛积雪未消的样子。反之如将雪石置于面阳的地方,则石中所含石英闪闪作光,就与命意相违,这是叠雪石山时不能不注意的事。墙东列洞,引漏春景入院,借用"大地回春"的意思。登雪石山可达通入园的复道廊,但此复道廊今已不存。

个园以假山堆叠精巧而出名,在建造时就有超出扬州其他园林的意图,故以石斗奇,采取分峰用石的手法,号称四季假山,为国内唯一孤例。虽然大流芳巷八咏园也有同样的处理,不过没有起峰。这种假山似乎概括了画家所谓"春山淡冶而如笑,夏山苍翠而如滴,秋山明净而如妆,冬山惨淡而如睡"(见郭熙《林泉高致》)与"春山宜游,夏山宜看,秋山宜登,冬山宜居"(见戴熙《习苦斋题画》)的画理,实为扬州园林中最具地方特色的一景。

竹石(春)

湖石山(夏)

黄石山(秋)

雪石山(冬)

寄啸山庄水心亭与复道廊

水心亭原为园中纳凉听曲之处,四周环以二层高的复道廊,可使演唱时音响效果更佳。

　　寄啸山庄在花园巷,今名何园。清光绪间道台何芷舫所筑,为清代扬州大型园林的最后作品。由住宅可达园内,园后的刁家巷另设一门,当时是招待外客的出入口。住宅建筑除楠木大厅外,都是洋式,楼横堂列,廊庑回绕,在平面布局上,尚具中国传统。从宅中最后进墙上的什锦空窗(砖框)中,隐约地能见到园的一角,园中部为大池,池北楼宽七楹,因主楼三间稍突,两侧楼平舒展伸,屋角又都起翘,有些像蝴蝶的形态,当地人叫作"蝴蝶厅"。楼旁连复道廊可绕全园,高低曲折,人行其间有随势凌空的感觉。而中部与东部又用此复道廊作为分隔,人们的视线通过上下壁间的漏窗,可互见两面景色,显得空灵深远。这是中国园林利用分隔扩大空间面积的手法之一。此园运用这一手法,较为自如而突出。池东筑水亭,四角卧波,为纳凉拍曲的地方。此戏亭利用水面的回音,增加音响效果,又利用回廊作为观剧的看台。不过在封建社会,女宾只能坐在宅内贴园的复道廊中,通过疏帘,从墙上的什锦空窗中观看。这种临水筑台,增强音响效果的手法,今天还可以酌予采取,而复道廊隔帘观剧的看台是要扬弃的。如果用空窗作为引景泄景,以加深园林层次与变化,当然还是一种有效的手法。所谓"景物难锁小牖通"便是形容这种境界。池西南角为假山,山后隐西轩,轩南的牡丹台随着山势层叠起伏,看去十分自然。这种做法并不费事,而又平易近人,无矫揉造作之态,新建园林中似可推广。越山穿洞,洞幽山危,黄石山壁与湖石磴道尚宛转多姿,虽用不同的石类,却能浑成一体。山东麓有一水洞,略具深意,唯一头山石与柱头交接,稍嫌考虑不周。山南崇楼三间,楼前峰峦嶙峋,经山道可以登楼,向东则转入住宅的复道廊了。复道廊为叠落形(屋顶作阶段高低),其形式有游廊与复廊(一条廊中用墙分隔为二)两种。墙上开漏窗,巧妙地分隔成中东两部。漏窗以磨砖对缝构成,面积很大,图案简洁,手法挺秀工整。廊东有四面厅与三间轩相对,院内碧梧临峰,阴翳蔽日,阶下花街铺地(用鹅子石与碎砖瓦等拼花铺成的地面),其厅前砖砌阑凳,形成一种明洁修整的构图,给人以清静的气氛。这种布置在我国南北园林建筑中亦不多见。尤其是这种砖砌的漏空阑凳,不失为一种成功的作品,它与漏窗一样,亦为别处所不及,是具有地方风格的一种艺术品。厅后的假山倚墙而筑,壁岩与磴道无率直之弊。假山体积不大,尚能含蓄寻味,而小亭踞峰,旁倚粉墙之下,古树掩映,每当夕阳斜照,碎影满阶,发挥了中国园林就白粉墙为底所产生虚实的景色。虽然面积不大,但景物的变化万千,在小空间的院落中,还是一种可取的手法。山西北有磴道拾级可达复道廊楼层的半月台,它与西部复道廊尽端楼层的旧有半月台,都是分别用来观看升月与落月的。在植物配置方面,厅前山间栽桂,花坛种牡丹、芍药,山麓植白皮松,阶前列梧桐,转角补芭蕉,均以群植为主。因此葱翠宜人,春时绚烂,夏日浓荫,秋季馥郁,冬令苍青,都有规则可循,就不同植物特性,因地制宜而安排的。此园以开畅雄健见长,水石用来衬托建筑物,使山色水光与崇楼杰阁、复道修廊,相映成趣,虚实互见。园以厅堂为主,以复道廊与假山贯串分隔,上下脉络自存,形成立体交通、多层欣赏的园林。它的风景面系环水展开,花墙构成深深不尽的景色,楼台花木,隐现其间。此园建造时期较晚,装修多新材料与新纹样。又另辟园门,可招待外客等。

是园格局较之过去所建造者为宏畅,使游者由静观的欣赏,渐趋动观的游览。而逶迤衡直,闿爽深密,都曲具中国园林的特征。在造园手法上有一定程度的出新,但仍不失为这时期的代表作品。

　　小盘谷(又名小盘窠)在大树巷,为清光绪间两江、两广总督周馥购自徐姓重修而成的,至民国初年复经一度修整。园在宅的东部,自大厅旁入月门,额名"小盘谷",从笔意看来,似出陈鸿寿(字曼生,杭州人,西泠八家印人之一,生于清乾隆三十三年,殁于道光二年)之手。花厅三间面山,作曲尺形,游者绕达厅后,忽见一池汪洋,豁然开朗。厅侧有水阁枕流,以游廊相接。它与隔岸山石,隐约花墙,形成一种中国园林中惯用的以建筑物与自然景物作对比的手法。廊前有曲桥可通对岸,桥尽入幽洞,洞很广,内置棋桌,利用穴窦采光。复临水辟门,人自此可循阶至池。洞左置步石(用石块代桥)、崖道,可导至后部花厅。厅前有磴道可上山。这里是一个很好的谷口,题为"水流云在"。洞的处理既开敞又曲折多变化,应该说是构筑山洞中的好实例。右出洞转入小院,向上折入游廊,可抵山巅。山上有亭名"风亭",坐亭中可以顾盼东西两部的景色。今东部布置已毁,正在修建中。其入口之门作桃形,额为"丛翠"。池北曲尺形花厅,今不存,遗址尚在。山拔地峻峭,名"九狮图山",峰高约九米余,惜民国初年修缮时,略损原状。此园假山为扬州诸园中的上选作品,山石水池与建筑物皆集中处理,对比明显,

扬州小盘谷

用地紧凑，以建筑物与山石、山石与粉墙、山石与水池、前院与后院、幽深与开朗、高峻与低平等对比手法，形成一时难以分辨的幻景。花墙间隔得非常灵活，山峦、石壁、步石、谷口等的叠置，正是危峰耸翠，苍岩临流，水石交融，浑然一片了。妙处在于运用"以少胜多"的艺术手法。虽然园内没有崇楼与复道廊，但是幽曲多姿，雅淡宜人，廊屋皆不

桃形门

髹饰，以木材的本色出之。叠山的技术尤佳，足与苏州环秀山庄抗衡，显然出于名匠师之手。据清光绪《江都县续志》卷十二记片石山房云："园以湖石胜，石为狮九，有玲珑夭矫之概。"（据友人耿鉴庭云："片石山房池上亦有九狮石，积雪时九狮之状毕现，今毁。"）以小盘谷假山章法分析，似以片石山房者为蓝本，并参考其他佳作综合提高而成。又据《扬州画舫录》卷二云："淮安董道士叠九狮山，亦籍籍人口。"同书卷六又云："卷石洞天在城清梵之后……明旧制临水太湖石山，搜岩剔穴为九狮形，置之水中，上点桥亭，题之曰'卷石洞天'。"扬州博物馆藏李斗书九狮山条幅，盛谷跋语指为卷石洞天九狮山，但未言董道士所叠。据园主周叔弢、煦良二先生说："小盘谷的假山一向以九狮图山相沿称，由来已很久。"想定有根据。因此我认为当时九狮山在扬州必不止一处，而以卷石洞天为最出名，董道士则以叠此类假山而著世，其后渐渐形成了一种风气。董道士是清乾隆间人，今证以峰峦、洞曲、崖道、壁岩、步石、谷口等，皆这一时期的手法，而陈鸿寿所书一额，时间又距离不太远。姑且提出这样的假设，即使不是董道士的原作，亦必摹拟其手法耳。旧城南门堂子巷的秦氏意园小盘谷（秦恩复字敦夫，官编修，龚自珍的好友，龚与他往还甚密，仓巷絜园魏源所居，龚曾寄寓过）系黄石堆叠的假山小品，清乾隆末期所筑，出名匠师常州戈裕良之手，今废。《履园丛话》卷十二

九狮峰

载:"近时有戈裕良者,常州人,其堆法尤胜于诸家。"据此则戈氏时期略迟于董道士,从秦氏小盘谷遗迹来看,山石平淡蕴藉,以"阴柔"出之,而此小盘谷则高险磅礴,似以"阳刚"制胜。这两位叠山名手同时作客扬州,那么这两件艺术作品正是他们颉颃之作,用以平分秋色了(从周案:扬州有"小盘谷"三处,一为棣园前身,二为意园"小盘谷",三为是处)。

东关街个园的西首,有园名逸圃,为李姓的宅园(个园最后属李姓)。从大门入,迎面有月门,额书"逸圃"二字。左转为住宅。月门内有廊修直,其东即园,假山倚东墙而筑,委婉屈曲,而壁岩森严,与墙顶之瓦花墙形成虚实对比。山旁筑牡丹台,花时灿烂若锦。山间北首尽端,墙下构五边形半亭,亭下有碧潭,清澈可以照人。花厅三间南向,装修极精,外廊天花,皆施浅雕。厅后小轩三间,带东厢配以西廊,前置花木山石。轩背有小院,设门而常关。初视之与木壁无异,启门沿磴道可达复道廊,由楼层转入隔园,园在住宅之后,以复道廊与山石相连,折向西北,有西向楼三间,面峰而筑,楼有盘梯可下,其旁有紫藤一架,老干若虹,满阶散绿,为之添色。此园与苏州曲园相仿佛,都是利用曲尺形隙地加以布置的,但比曲园巧妙,形成了上下错综、境界多变的园景。匠师们在设计此园时,利用"绝处逢生"的手法,造成了由小院转入隔园的办法,来一个似尽而未尽的布局。这种情况在过去扬州园林中并不少见,惜今存者无多,亦扬州园林特色之一。怡庐是稗家湾黄宅(钱业商人黄益之住宅)花厅的一部分系余继之的作品。

余工叠山,善艺花卉,小园点石尤为能手。怡庐花厅计二进,前进的前后皆列小院,院中东南两面筑廊,西面则点雪石一丘,荫以丛桂。厅后翼两厢,小院花坛上配石笋修竹,枝叶纷披,人临其境,有滴翠分绿的感觉。厅西隔花墙,自月门中入,有套房内院,它给外院形成了"庭院深深深几许"的景色。又因外院的借景,而内院中便显得小中见大了。这是中国建筑中用分隔增大空间的手法,是在居住的院落中较好的例子。后厅亦三间,面对山石,其西亦置套房小院。从平面论,此小园无甚出人意料处,但建筑物与院落比例匀当,装修亦皆以横线条出之,使空间宽绰有余,而点石栽花亦能恰到好处。至于大小院落的处理,又能发挥其密处见疏、静中生趣的优点。从这里可见绿化及空间组合对小型建筑的重要性了。

余园在广陵路,初名"陇西后圃",清光绪间归盐商刘姓后,就旧院修筑而成,又名刘庄。因曾设怡大钱庄于此,一般称怡大花园。园位于住宅之后,以院落分隔。前院南向为厅,其西缀以廊屋,墙下筑湖石花坛,有白皮松二株。厅后一院,西端多修竹。北墙下叠黄石山,由磴道可登楼。东院有楼,北向筑,其下凿池叠山,而湖石壁岩,尤为此园精华所在。

陈氏蔚圃在风箱巷。东南角入门,院中置假山,配以古藤老柏,顿觉苍翠葱郁,假山仅墙下少许,然有洞可寻,有峰可赏,自北部厅中望去,景物森然。东西两面配游廊,西南角则建水榭,下映鱼池,多清新之感。这小园布置虽寥寥数事,却甚得体。

蔚圃旁有杨氏小筑,真可谓一角的小园,原属花厅书斋部分。入门为花厅两间,前列小院,点缀少量山石竹木,以花墙分隔,旁有斜廊,上达小阁,阁前山石间有水一泓,因地位过小,以鱼缸聚水,配合得很相称。园主善艺兰,此小园平时以盆兰为主花,故不以绚丽花目而夺其芬芳。此处虽不足以园称,然园的格局俱备,前后分隔得宜,咫尺的面积,能无局促之感,仅觉多左右顾盼生景的妙处。

扬州园林的主人以富商为多,他们除拥物资财富外,还捐得一个空头的官衔,以显耀其身份,因此这些园林在设计的主导思想上与士大夫的园林有所不同。最突出的地方在于一味追求豪华,借以炫富有、傍风雅。在清康熙、乾隆时代,正如上述所说的,还期望能得到皇帝的"御赏",以达到升官发财的目的。若干处还模拟一些皇家园林的手法。因此在园林的总面貌上,建筑物的尺度、材料的品类都追求高敞华丽。即以楼厅面阔而论,有多至七间的。其他楼层及复道廊,巨峰名石,以及分峰用石的四季假山(个园、八咏园两处存四季假山)和积土累石的"斗鸡台"(壶园有此)。更因多数商人为安徽徽州府属人,间有模拟皖南山水的。建筑用的木材,佳者选用楠木,楼层铺方砖。地面除鹅子石的"花街"外,院中有用大理石(以高资产白石为多)铺地。至于装修陈设的华丽等,除了反映了园主享受所谓"诗情画意"的山水景色意图外,还有为招待较多的宾客作为交际场所之用,因此它与苏州园林在同一的设计主导思想下,还多一些原因。这种设计思想在大型的园林如个园、寄啸山庄等最容易见到。并且扬州的诗文与八怪的画派,在风格上亦比吴门派来得豪放沉厚,这些都多少给造园带来了一定的感染与提高。

自然环境与材料的不同,对园林的风格是有一定影响的。扬州地势平坦,土壤干湿得宜,气候及雨量亦适中,兼有南北两地的长处。所以花木易于繁滋,而芍药、牡丹尤为茂盛。这对豪华的园林来说,是最有利的条件。叠山所用的石材,又多利用盐船回载,近则取自江浙的镇江、高资、句容、苏州、宜兴、吴兴、武康等地,远则运自皖、赣的宣城、徽州、灵璧、河口等处,更有少量奇峰异石罗致西南诸省,因此石材的品种要比苏州所用的为多。

中国园林的建造,总是利用"因地制宜"的原则,尤其在水网与山陵地带。可是扬州属江淮平原,水位不太高,土地亦坦旷,因此在规划园林时,与苏杭一带利用天然地形与景色就有所不同了。大型园林多数中部为池,厅堂又为一园的主体,两者必相配合,池旁筑山,点缀亭阁,周联复道,以花墙、山石、树木为园林的间隔,形成有层次、富变化的景色,这可以个园、寄啸山庄为代表。中小型园林则倚墙叠山石，下辟水池，适当地辅以游廊水榭，结构比较紧凑。片石山房、小盘谷都按这个原则配置而成。庭院则根据住宅余地面积的多寡，或院落的大小，安排少许假山立峰，旁凿小鱼池、筑水榭，或布置牡丹台、芍药圃，内容并不求多，仅能给人以一种明净宜人的感觉。蔚圃与杨氏小筑即为其例。而逸圃却又利用狭长曲尺形隙地，构成了平面布局变化较多的一个突出的例子。总的说来，扬州园林在平面布局上较为平整，然其妙处在于立体交通，与多层观赏线，如复道廊、楼阁以及假山的窦穴、洞曲、山房、石室等皆能上下沟通，自然变化多端了。但就水面与山石、建筑相互发挥作用来说，未能做到十分交融，驳岸多数似较平直，少曲折湾环。石矶、石濑等几乎不见，则是美中不足的地方。但从片石山房、小盘谷及逸圃、个园"秋云"山麓来看，则尚多佳处。又有"旱园水做"的办法，如广陵路清道光间建的员姓二分明月楼，将园的地面压低，其中四面厅则筑于较高的黄石基上，望之宛如置于岛上，园虽无水，而水自在意中。嘉定秋霞圃其后部似亦有此意图，但未及扬州园林明显。我们聪明的匠师能在这种自然条件较为苛刻的情况下，达到中国艺术上的"意到笔不到"的表现方法，实为难能可贵。扬州园林中

曲桥

的水面置桥有梁式桥与步石两种,在处理方法上,梁式多数为曲桥,其佳例要推片石山房中利用石梁而作飞梁形的桥,古朴浑成,富有山林的气氛。步石则以小盘谷采用得最妥帖。这些曲桥总因水位过低,有时转折太僵硬,而缺少自然凌波的感觉,对园林建桥来说在设计时是应设法避免的。片石山房的飞梁形式即弥补了这些缺陷,而另辟蹊径了。

扬州园林素以"叠石胜",在技术上过去有很高的评价,因此今日所存的假山多数以石为主,仅已损毁的秦氏小盘谷似由土石间用者。因为扬州不产石,石料运自他地,来料较小,峰峦多用小石包镶,根据石形、石色、石纹、石理、石性等凑合成整体,中以条石铁器支挑(早期之例推泰州乔园明代假山),加固嵌填后浑然成章,即使水池驳岸亦运用这种办法。这样做人工花费很大,且日久石脱破坏原形,纵有极佳的作品,亦难长久保存。虽然如此,扬州叠山确有其独特的成就。其中突出的作品,以雄伟论,当推个园了;以苍石奇峭论,要算片石山房了;而小盘谷的曲折委婉,逸圃的婀娜多姿,都是佳构。棣园的洞曲,中垂钟乳,为扬州园林罕见。其与寄啸山庄石壁磴道,皆为较好的例子。在扬州园林的假山中,最为吸引人的是壁岩,其手法的自然逼真,用材的节省,空间的利用,似在苏州之上,实得力于包镶之法。片石山房、小盘谷、寄啸山庄、逸圃、余园等皆有妙作。颇疑此法明末自扬州开始,乾隆间董道士、戈裕良等人继承了计成、石涛诸人的遗规,并在此基础上得到更大的发展。总之,这些假山,在不同程度上达到异形之山,运用不同之石,体现了石涛所谓"峰与皴合,皴自峰生"的画理,以其高峻而与苏州的明秀平远相颉颃,南北各抒所长。至于分峰用石及多种石并用,亦兼补一种石材难以罗致之弊,而以权宜之计另出新腔了。堆叠之法一般皆与苏南相同,其佳者总循"水随山转,山因水活"这一原则而加以灵活应用。假山的胶合材料,明代用石灰加细沙和糯米汁,凝结后有时略带红色,常用之于黄石山。清代的颜色发白,也有其中加草灰者,适用于湖石山。片石山房用的便是后者。佳例嵌缝是运用阴嵌的办法,即见缝不见灰,用于黄石山能显出其壁石凹凸多变,仿佛自然裂纹,湖石山采此法,顿觉浑然一体。不过像这样的水平,在全国范围内也较为罕见。

在墙壁的处理上,现存的园林因为多数集中于城区,且是住宅的一部分,所以四周是青砖砌的高墙,配合了砖刻门楼,外观很是修整平直。不过园林外墙上都加瓦花窗,墙面做工格外精细。它与苏南园林所给人以简陋园外墙面感觉不同,亦是因各有自己的设计主导思想所形成的。内墙与外墙相同,凡在需增加反射效果,或需花影月色的地方,酌情粉白。园既围以高墙,当然无法眺望园外景色,除个园登黄石山可"借景"城北景物外,余则利用园内的对景来增加园景的变化。寄啸山庄的什锦空窗,其所构成的景色真是宛如图画。其住宅与园林部分均利用空窗达到互相"借景"的效果。个园桂花厅前的月门亦收到了引人入胜的作用。再从窗棂中所构成的景色,又有移步换影的感觉。在对比手法方面,基本与苏南园林相同,多数以建筑物与墙面山石作对比,运用了开朗、收敛、虚实、高下、远近、深浅、大小、疏密等手法,尤以小盘谷在这方面运用得最好。寄啸山庄能从大处着眼,予人以完整醒目的感觉。

扬州园林在建筑方面最显著的特色便是利用楼层,大型园林固然如此,小型如二分明月楼,也还用了七间的长楼。花厅的体形往往较大,复道廊的延伸又连续不断,因此虽然安排了一些小轩水榭,适与此高大的建筑起了对比作用。它与苏州园林的"婉约轻盈"相较,颇有铜琶铁板唱"大江东去"的气概。寄啸山庄循复道廊可绕园一周,个园盛时情况亦差不多。至于借山登阁,穿洞入穴,上下纵横,游者往往到此迷途,此与苏州园林在平面上的"柳暗花明"境界,有异曲同工之妙,不能单以平面略为平正而判其高下。

扬州园林建筑物的外观,介于南北之间,而结构与细部的做法,亦兼抒两者之长。就单体建筑而论,台基早期用青石,后期用白石,踏跺用天然山石随意点缀,很觉自然。柱础有北方的"古镜"形式,同时也有南方的"石鼓"形式。柱则较为硕挺,其比例又介于南北两者之间。窗则多数用和合窗(支摘窗)。阑干亦较肥健。屋角起翘虽大都用"嫩戗发戗"(由屋角的角梁上竖立的一根小角梁来起翘),但比苏南来得低平,屋脊则用通花脊,比苏南的厚重。漏窗、地穴(门洞)做法工整挺拔,图案形式变化多端,与苏南柔和细致的相异。门额都用大理石或高资石而少用砖刻,此又是与苏南显著不同者。建筑的细部手法简洁利落,在线脚与转角的地方,都有曲折,虽然总的看来比较直率,但刚中有柔,颇耐寻味。色彩方面,木料皆用本色,外墙不粉白,此固由于当地气候比较干燥的缘故,但也多少存有以原材精工取胜的意图。内部梁架皆圆料直材,制作得十分工整,间亦有用扁作的。翻轩(卷棚)尤力求豪华,因为它处于入口显著的地位,所以格外突出一些。内部以方砖铺地,其间隔有槅扇与罩,材料有紫檀、红木、银杏、黄杨等,亦有雕刻髹漆、嵌螺甸与嵌宝的,或施纱槅的。室内家具陈设及屏联的制作,亦同样讲究。海梅(扬州称红木名海梅)所制的家具,与苏广两地不同,其手法和他种艺术一样,富有扬州"雅健"的风格。

　　建筑物在园林中的布置,在今日扬州所存的类型并不多,仅厅堂、楼、阁、榭、舫、复道廊、游廊等,其组合似较苏南园林来得规则。楼常位于园的尽端最突出处。厅往往为一园之主体,有些厅加楼后形成楼厅,就必建在尽端了。其他舫榭临水,轩阁依山,亭有映水与踞山不同的处理。如因地形的限制,则建筑可做一半,如半楼、半阁、半亭等。虽仅数例,亦发挥了随宜安排的原则,以及同中求异、异中见其规律的灵活善变的应用。廊亦同样不出这些原则和方法,不过以环形路线为主,间有用作分隔的。形式有游廊、叠落廊、复廊、复道廊等。厅堂据《扬州画舫录》所载,名目颇多,处理别出心裁,今日常见的有四面厅、硬山厅、楼厅等。梁架多"回顶鳌壳式"(卷棚式的建筑,在屋顶部仍做成脊)。在材料方面,楠木厅与柏木厅最为名贵,前者为数尚多,后者今日已少见。园林铺地大部分用鹅子石花街,间有用冰裂纹石的。在建筑处理上值得注意的,便是内部的曲折多变,其间利用套房、楼、廊、小院、假山、石室等的组合,造成"迷境"的感觉,现存的逸圃尚能见到,此亦扬州园林重要特征之一。

　　花木的栽植是园林中重要的组成部分,各地花木有其地方特色,因此反映在园林中亦有不同的风格。扬州花木因风土地理的关系,同一品种,其姿态容颜也与南北两地有异,一般说来,枝干花朵比较硕秀。在树木的配置上,以松、柏、桧、榆、枫、槐、银杏、女贞、梧桐、黄杨等为习见。苏南后期园林中杨柳几乎绝迹,然则在扬州园林中却常能见到,且更具有强烈的地方色彩,因为该地的杨柳,在外形上高劲,枝条疏朗,颇多画意,下部的体形也不大,植于园中没有不调和的感觉。梧桐在扬州生长甚速,碧干笼荫,不论在园林或庭院中都予人以清雅凉爽之感,与柳色各占春夏两季的风光。花树有桂、海棠、玉兰、山茶、石榴、紫藤、紫薇、梅、蜡梅、碧桃、木香、蔷薇、月季、杜鹃等。在厅轩堂前多用桂、海棠、玉兰、紫薇诸品。其他如亭畔、榭旁的枫、榆等则因地位的需要而栽植。乔木、花树与园林的关系,在扬州园林中,前者作为遮荫之用,后者用作观赏之需。姿态与色香还是选择的最重要标准。在假山间,为了衬托山容苍古,酌植松柏,水边配置少许垂杨。至于芭蕉、竹、天竹等,不论用来点缀小院,补白大园,或在曲廊转折处,墙阴檐角,与蜡梅、丛菊等组合,都能入画。书带草不论在山石边、古树根旁、鱼缸四周以及阶前路旁,均给人以四季长青的好感,冬季初雪匀披,粉白若球。它与石隙中的秋海棠,都是园林绿化中不可缺少的小点缀。至于以书带草增添假山生趣,或掩饰叠堆中的疵病,真有如山水画中点苔的妙处。芍药、牡丹更是家栽户植。《芍药谱》(《能改斋漫录》)十五"芍药条"引孔武仲《芍药谱》)载:"扬州芍药,名于天下,非特以多为夸也。其敷腴盛大而纤丽巧密,皆他州所不及。"从李白《送孟浩然之广陵》诗中"烟花三月下扬州"即可以想见其盛况。因此花坛药阑便在园林中占有显著的地位。其形式有以假山石叠的自然式,有用砖与白石砌的图案式,形状很多,皆匠心独运。春时繁花似锦,风光宛如洛城。树木的配合,似运用了孤植与群植两种基本方法。群植中有用同一品种的,亦有用混合的树群布置,主要的还是从园林的大小与造景的意图出发,如小园宜孤植,但树的姿态须加选择。大园宜群植,亦须注意假山的形态、地形的高低大小,做到有分有合、有密有疏。若假山不高,主要山顶便不可植树,为了衬托出山势的苍郁与高峻,非植于山阴略低之处不可,使峰出树梢之间,自然饶有山林之意了。此理不独植树如此,建亭亦然,而亭、树与山的关系,必高下远近得宜才是。山麓的水边有用横线条的卧松临水,亦不失为求得画面统一的好办法。山间垂藤萝,水面点荷花,亦皆以少出之,使意到景生即可。至于园内因日照关系有阴阳面的不同,在考虑种树时应加注意其适应性,如山茶、桂、松、柏等皆宜植阴处,补竹则处处均能增加生意。

扬州盆景刚劲坚挺,能耐风霜,与苏杭不同,园艺家的剪扎功夫甚深,称之为"疙瘩"、"云片"及"弯"等,都是说明剪扎所成的各种姿态的特征。这些都是非短期内可以培养成的。松、柏、黄杨、菊花、山茶、杜鹃、梅、玳玳、茉莉、金橘、兰、蕙等都是盆植的好主题。又有山水盆景,分旱盆、水盆二种,咫尺山林,亦多别出心意。棕碗菖蒲,根不着土,以水滋养,终年青葱,为他处所不及。艺菊,扬州花匠师对此有独到之技,品种极盛。以这些来点缀园林,当然锦上添花,倍显绚丽了。园林山石间因乔木森严,不宜栽花,就要运用盆景来点缀。这种办法从宋代起即运用了,不但地面如此,即池中的荷花,亦莫不用盆荷入池的。因此谈中国园林的绿化,不能不考虑盆景。

[从周案:扬州画派的作品,以花卉竹石为多,摹写对象当然为习见的园林,其中花木经画家们的挥洒点染,都成了佳作,由此可见扬州园林中的花影响之大。反之,画家对园林花木批红判白,以及剪裁、构图、配置等,对花木匠师亦产生一定的启发与促进。扬州产金鱼;善培养笼鸟,品种亦多,这些对园林都有所增色。]

总之,造园有法而无式。变化万千,新意层出,其妙处在于"因地制宜"与相互"借景"(妙于"因借"),做到得体(精在"体宜"),方能别具一格。扬州园林综合了南北园林的特色,自成一格,雄伟中寓明秀,得雅健之致,借用文学上的一句话来说,正是"健笔写柔情"了。而堂庑廊亭的高敞挺拔,假山的沉厚苍古,花墙的玲珑透漏,更是别处所不及。至于树木的硕秀,花草的华滋,则又受地理及自然条件的影响,与经匠师们的加工而形成。假山的堆叠广泛地应用了多种石类,以小石拼镶的技术并分峰用石、旱园水筑等因材致用、因地制宜的手法,对今日造园都有一定的借鉴作用。唯若干水池,似少变化,未能发挥水在园林中的弥漫之意,难以构成与山石建筑物等相映成趣的高度境界。一般庭院中,亦能栽花种竹,荫以乔木,配合花树,或架紫藤,罗置盆景片石,安排出一些小景,这些都丰富了当时城市居民的文化生活,同时集腋成裘,又扩大了城市绿化的面积,是当地至今还相沿的一种传统。

园日涉以成趣

中国园林如画如诗,是集建筑、书画、文学、园艺等艺术的精华,在世界造园艺术中独树一帜。

每一个园都有自己的风格,游颐和园,印象最深的应是昆明湖与万寿山;游北海,则是湖面与琼华岛;苏州拙政园曲折弥漫的水面、扬州个园峻拔的黄石大假山等,也都令人印象深刻。

在造园时,如能利用天然的地形再加人工的设计配合,这样不但节约了人工物力,并且利于景物的安排,造园学上称为"因地制宜"。

中国园林有以山为主体的,有以水为主体的,也有以山为主水为辅,或以水为主山为辅的,而水亦有散聚之分,山有平冈峻岭之别。园以景胜,景因园异,各具风格。在观赏时,又有动观与静观之趣。因此,评价某一园林艺术时,要看它是否发挥了这一园景的特色,不落常套。

中国古典园林绝大部分四周皆有墙垣,景物藏之于内。可是园外有些景物还要组合到园内来,使空间推展极远,予人以不尽之意,此即所谓"借景"。颐和园借近处的玉泉山和较远的西山景,每当夕阳西下时,在湖山真意亭处凭栏,二山仿佛移置园中,确是妙法。

中国园林,往往在大园中包小园,如颐和园的谐趣园、北海的静心斋、苏州拙

借景玉泉山

政园的枇杷园、留园的揖峰轩等，他们不但给园林以开朗与收敛的不同境界，同时又巧妙地把大小不同，结构各异的建筑物与山石树木，安排得十分恰当。至于大湖中包小湖的办法，要推西湖的三潭印月最妙了。这些小园、小湖多数是园中精华所在，无论在建筑处理、山石堆叠、盆景配置等，都是细笔工描，耐人寻味。游园的时候，对于这些小境界，宜静观盘桓。它与廊引人随的动观看景，适成相反。

中国园林的景物主要摹仿自然，用人工的力量来建造天然的景色，即所谓"虽由人作，宛自天开"。这些景物虽不一定强调仿自某山某水，但多少有些根据，用精炼概括的手法重现。颐和园的仿西湖便是一例，可是它又不尽同于西湖。亦有利用山水画的画稿，参以诗词的情调，构成许多诗情画意的景色。在曲折多变的景物中，还运用了对比和衬托等手法。颐和园前山为华丽的建筑群，后山却是苍翠的自然景物，两者予人不同的感觉，却相得益彰。在中国园林中，往往以建筑物与山石作对比，大与小作对比，高与低作对比，疏与密作对比等等。而一园的主要景物又由若干次要的景物衬托而出，使宾主分明，像北京北海的白塔、景山的五亭、颐和园的佛香阁便是。

中国园林，除山石树木外，建筑物的巧妙安排，十分重要，如花间隐榭、水边安亭。还可利用长廊云墙、曲桥漏窗等,构成各种画面,使空间更加扩大,层次分明。因此,游过中国园林的人会感到庭园虽小,却曲折有致。这就是景物组合成不同的空间感觉,有开朗、有收敛、有幽深、有明畅。游园观景,如看中国画的长卷一样,次第接于眼帘,观之不尽。

"好花须映好楼台。"到过北海团城的人,没有一个不说团城承光殿前的松柏,布置得妥帖宜人。这是什么道理? 其实是松柏的姿态与附近的建筑物高低相称,又利用了"树池"将它参差散植,加以适当的组合,使疏密有致,掩映成趣。苍翠虬枝与红墙碧瓦构成一幅极好的画面,怎不令人流连忘返呢? 颐和园乐寿堂前的海棠,同样与四周的廊屋形成了玲珑绚烂的构图,这些都是绿化中的佳作。江南的园林利用白墙作背景,配以华滋的花木、清拔的竹石,明洁悦目,又别具一格。园林中的花木,大都是经过长期的修整,使姿态曲尽画意。

南京瞻园小景

　　园林中除假山外，尚有立峰，这些单独欣赏的佳石，如抽象的雕刻品，欣赏时往往以情悟物，进而将它人格化，称其人峰、圭峰之类。它必具有"瘦、皱、透、漏"的特点，方称佳品，即要玲珑剔透。中国古代园林中，要有佳峰珍石，方称得名园。上海豫园的玉玲珑、苏州留园的冠云峰，在太湖石①中都是上选，使园林生色不少。

　　若干园林亭阁，不但有很好的命名，有时还加上很好的对联。读过刘鹗的《老残游记》，总还记得老残在济南游大明湖，看了"四面荷花三面柳，一城山色半城湖"的对联后，暗暗称道："真个不错。"可见文学在园林中所起的作用。

　　不同的季节，园林呈现不同的风光。北宋名山水画家郭熙在其画论《林泉高致》中说过："春山淡冶而如笑，夏山苍翠而如滴，秋山明净而如妆，冬山惨淡而如睡。"造园者多少参用了这些画理，扬州的个园便是用了春夏秋冬四季不同的假山。在色泽上，春山用略带青绿的石笋，夏山用灰色的湖石，秋山用褐色的黄石，冬山用白色的雪石。黄石山奇峭凌云，俾便秋日登高。雪石罗堆厅前，冬日可作居观，便是体现这个道理。

　　晓色春开，春随人意，游园当及时。

---

　　① 太湖石产于中国江苏省太湖流域，是一种多孔而玲珑剔透的石头，多用以点缀庭院之用，是建造中国园林不可少的材料。

悠然把酒对西山　颐和园

　　"更喜高楼明月夜,悠然把酒对西山。"明米万钟①在他北京西郊的园林里,写了这两句诗句,一望而知是从晋人陶渊明"采菊东篱下,悠然见南山"脱胎而来的。不管"对"也好,"见"也好,所指的都是远处的山。这就是中国园林设计中的借景。把远景纳为园中一景,增加了该园的景色变化。这在中国古代造园中早已应用,明计成②在他所著《园冶》一书中总结出来,有了定名。他说:"借者,园虽别内外,得景无拘远近。"已阐述得很明白了。

　　北京的西郊,西山蜿蜒若屏,清泉汇为湖沼,最宜建园。历史上曾为北京园林集中之地,明清两代,蔚为大观,其中圆明园更被称为"万园之园"。

　　这座在历史上驰名中外的名园——圆明园,其于造园之术,可用"因水成景,借景西山"八字来概括。圆明园的成功,在于"因"、"借"二字,是中国古代园林的主要手法的具体表现。偌大的一个园林,如果立意不明,终难成佳构。所以造园

　　① 米万钟(1570～1629),中国明末的书画家,又为中国园林的著名设计师之一。现北京大学校园尚存的夕园,即为米万钟创建的著名园林所在。

　　② 计成是中国明末的园林学家,有著名的园林理论著作《园冶》传世。书成于公元1631～1634年间,对中国园林的造园叠山有一套系统的理论,对中国园林艺术的研究颇多建树。

要立意在先。尤其是郊园，郊园多野趣，重借景。这两点不论从哪一个园，即今日尚存的颐和园，都能体现出来。

圆明园在 1860 年英法联军与 1900 年八国联军入侵北京时已全被焚毁，今仅存断垣残基。如今，只能用另一个大园林颐和园来谈借景。

颐和园在北京西北郊十公里。万寿山耸翠园北，昆明湖弥漫山前，玉泉山蜿蜒其西，风景泂美。

谐趣园
这是颐和园著名的"园中之园"，富江南情趣。

颐和园在元代名瓮山金海，至明代有所增饰，名好山园。清康熙四十一年（1702）曾就此作瓮山行宫。清乾隆十五年（1750）开始大规模兴建，更名清漪园。1860 年为英法联军所毁，1886 年修复，易名颐和园。1900 年又为八国联军所破坏，1903 年又重修，遂成今状。

颐和园是以杭州西湖为蓝本，精心摹拟，故西堤、水岛，烟柳画桥，移江南的淡妆，现北地之胭脂，景虽有相同，趣则各异。

颐和园万寿山

　　万寿山前临昆明湖,佛香阁高踞山巅。自山脚的牌楼经排云殿、德辉殿、佛香阁,直至山顶的智慧海,形成一条层层上升的中轴线,这巨大的主体建筑群,为全园的精华所在。

　　园面积达三四平方公里,水面占四分之三,北国江南因水而成。入东宫门,见仁寿殿,峻宇翚飞,峰石罗前。绕其南豁然开朗,明湖在望。

　　万寿山面临昆明湖,佛香阁踞其巅,八角四层,俨然为全园之中心。登阁则西山如黛,湖光似镜,跃然眼帘;俯视则亭馆扑地,长廊萦带,景色全囿于一园之内,其所以得无尽之趣,在于借景。小坐湖畔的湖山真意亭,玉泉山山色塔影,移入槛前,而西山不语,直走京畿,明秀中又富雄伟,为他园所不及。

　　廊在中国园林中极尽变化之能事,颐和园长廊可算显例,其予游者之兴味最浓,印象特深,廊引人随,中国画山水手卷,于此舒展,移步换影,上苑别馆,有别宫禁,宜其清代帝王常作园居。

　　谐趣园独自成区,倚万寿山之东麓,积水以成池,周以亭榭,小桥浮水,游廊随经,适宜静观,此大园中之小园,自有天地。园仿江南无锡寄畅园,以同属山麓园,故有积水,皆有景可借。

　　水曲由岸,水隔因堤,故颐和园以长堤分隔,斯景始出,而桥式之多,构图之美,处处画本,若玉带桥之莹洁柔和,十七孔桥之仿佛垂虹,每当山横春霭,新柳拂水,游人泛舟,所得之景与陆上得之景,分明异趣。而处处皆能映西山入园,足证"借景"之妙。

移天缩地在君怀　避暑山庄

河北省承德市附近原为清帝狩猎的地方，骏马秋风，正是典型的北地风情。然而承德避暑山庄这个著名的北方行宫苑囿，却有杏花春雨般的江南景色，令人向往，游人到此总会流露出"谁云北国逊江南"这种感觉。

苑囿之建，首在选址，需得山川之胜，辅以人工。重在选景，妙在点景，二美具而全景出，避暑山庄正得此妙谛。山庄群山环抱，武烈河自东北沿宫墙南下。有泉冬暖，故称热河。

清康熙于1703年始建山庄，经六年时间初步完成，作为离宫之用。朴素无华，饶自然之趣，故以山庄名之，有三十六景。其后，乾隆又于1751年进行扩建，踵事增华，亭榭别馆骤增，遂又增三十六景。同时建寺观，分布山区，规模较前益广。

行宫周约二十公里，多山岭，仅五分之一左右为平地，而平地又多水面，山岚水色，相映成趣。居住朝会部分位于山庄之东，正门内为楠木殿，素雅不施彩绘，因所在地势较高，故近处湖光，远处岚影，可卷帘入户，借景绝佳。园区可分为两部，东南之泉汇为湖泊，西北山陵起伏如带，林木茂而禽鸟聚，麋鹿散于丛中，鸣游自得。水曲因岸，水隔因堤，岛列其间，仿江南之烟雨楼、狮子林等，名园分绿，遂移北国。

锤峰落照
磬锤峰为避暑山庄周围群山中的主峰,形似江南妇女洗衣用的洗衣锤,故名。

普陀宗乘之庙

　　山区建筑宜眺、宜憩,故以小巧出之而多变化。寺庙间列,晨钟暮鼓,梵音到耳。且建藏书楼文津阁,储《四库全书》①于此。园外东北两面有外八庙,为极好的借景,融园内外景为一。

　　山庄占地564万平方米,为现存苑囿中最大。山庄自然地势,有山岳平原与湖沼等,因地制宜,变化多端。而林木栽植,各具特征,山多松,间植枫,水边宜柳,湖中栽荷,园中"万壑松风"、"曲水荷香",皆因景而得名。而万树园中,榆树成林,浓荫蔽日,清风自来,有隔世之感。

---

　　① 《四库全书》是清代乾隆年间(1772～1782)编的一部大型丛书,内容广泛,保存并整理了大量中国古籍文献。全书共收古籍三千五百〇三种,七万九千三百三十七卷。分经史子集四部,故名《四库全书》。

中国苑囿之水，聚者为多，而避暑山庄湖沼，得聚分之妙，其水自各山峪流下，东南经文园水门出，与武烈河相接。湖沼之中，安排如意洲、月色江声、芝径云堤、水心榭等洲、岛、桥、堰，分隔成东湖、如意洲湖及上下湖区域。亭阁掩映，柳岸低迷，景深委婉。而山泉、平湖之水自有动静之分，故山麓有"暖流喧波"、"云容水态"、"远近泉声"。入湖沼则"澄波叠翠"、"镜水云岭"、"芳渚临流"。水有百态，景存千变。

山庄按自然形势，广建亭台、楼阁、桥梁、水榭等。并且更就幽峪奇峰，建造寺观庵庙，计东湖沼区域有金山寺、法林寺等。山岳区内，其数尤多，属道教者有广元宫、斗姥阁；属佛教的有珠源寺、碧峰寺、旃檀林、鹭云寺、水月庵等，有内八庙之称。殿阁参差，浮图隐现，朝霞夕月，梵音钟声，破寂静山林，绕神妙幻境。苑囿园林，于自然景物外，复与宗教建筑相结合。

山庄峰峦环抱，秀色可餐，隔武烈河遥望，有"锤峰落照"一景。自锤峰沿山而北，转狮子沟而西，依次建溥仁寺、溥善寺、普乐寺、安远庙、普佑寺、普宁寺、须弥福寿之庙、普陀宗乘之庙、殊像寺、广安寺、罗汉堂、狮子园等寺庙与别园，且分别模仿新疆、西藏等少数民族建筑造型以及山海关以内各地建筑风格，崇巍瑰丽，与山庄建筑，呼应争辉。试登离宫北部界墙之上，自东及北，诸庙尽入眼底，其与离宫几形成一空间整体，蔚为一大风景区。

用"移天缩地在君怀"这句话来概括山庄，可以说体现已尽。其能融南北园林于一处，组各民族建筑在一区，不觉其不协调不顺眼，反觉面面有情，处处生景，实耐人寻味。故若正宫、月色江声等处，实为北方民居四合院之组合方式，而万壑松风、烟雨楼等，运用江南园林手法灵活布局。南秀北雄，目在咫尺，游人当可领略其造园之佳妙。

别有缠绵水石间　十笏园

　　山东潍坊十笏园是一个精巧得像水石盆景的小园，占地二千多平方米，内有溶溶水石，楚楚楼台，其构思之妙，足为造小园之借鉴。

　　十笏园建于清光绪十一年（1885），原为丁善宝的园林。笏即朝笏，古代大臣朝见君王时所用，多以象牙制成。因园小巧玲珑，故以十笏名之。中国园林命名

十笏园假山及池中漪澜亭

池东叠石成山，山上有二亭，登亭可瞰全园景色。池中漪澜亭与山上二亭互相呼应，三亭皆尺度合宜，小巧精致。

十笏园池中水榭

十笏园布局以水池为中心,池中水榭四面临水,故用敞亭的形式,
为园中第一佳景。

常存谦逊之意,如近园、半亩园、芥子园等皆此类。

园中以轻灵为胜,东筑假山,面山隔水为廊,廊尽渡桥,建水榭,旁列小筑,名
隐如舟。临流有漪澜亭。池北花墙外为春雨楼,与池南倒座高下相向。

亭台山石,临池伸水,如浮波上,得水园之妙,又能以小出之,故山不在高,水
不在广,自有汪洋之意。而高大建筑,复隐其后,以隔出之,反现深远。而其紧凑
蕴藉,耐人寻味者正在此。

小园用水,有贴水、依水之别。江苏吴江同里汪氏退思园,贴水园也。因同
里为水乡,水位高,故该园山石、桥廊、建筑皆贴水面,予人之感如在水中央。苏
州网师园,依水园也。亭廊依水而筑,因水位较低故环池驳岸作阶梯状。同在水
乡,其处理有异。然则园贴水、依水,除因水制宜外,更着眼于以有限之面积,化
无限之水面,波光若镜,溪源不尽,能引入遐思。"盈盈一水间,脉脉不得语。"
"古诗十九首"中境界,小园用水之极矣。

造大园固难,构小园亦不易。水为脉络,贯穿全园,而亭台山石,点缀出之,
概括精练,如诗之绝句,词中小令,风韵神采,即在此水石之间。北国有此明珠,
亦巧运匠心矣。

绿杨宜作两家春　拙政园

"明月好同三径夜，绿杨宜作两家春。"

拙政园现分为中、西两部，在西部补园，望隔院楼台，隐现花墙之上，欲去无从，登假山巅的宜两亭看，真是美景如画，尽展眼帘，既可俯瞰补园，又可借中部园景，这才领略到亭用"宜两"二字命名所在。

拙政园建于明嘉靖年间，为御史王献臣所建，拙政二字是取古书上"拙者之为政"的意思，表示园主不得志于朝，筑园以明志。几经易主，到了清太平天国战争后，这园的西部分割了出去，名为补园。两园之景互相邻借，虽分犹合。如今东部新辟的园林，则又是从另一园归田园合并过来的。

园以水为主，利用原来低洼之地，巧妙安排；高者为山，低者拓池，利用其狭长水面，弯环曲岸，深处出岛，浅水藏矶，使水面饶弥漫之意。而亭台间出，桥梁浮波，以虚实之倒影，与高低的层次，构成了以水成景的画面。它是舒展成图，径缘池转，廊引人随，使游者入其园，信步观景，移步移影，景以动观为主。偶而暂驻之亭，与可留之馆，予人以小休眺景，则又以静观为辅。

拙政园美在空灵，予人开朗之感，开朗中又具曲笔，所谓"园中有园"。故枇杷园、海棠春坞等小园幽静宜人，而于花墙窗棂中招大园之景于内，互呈其美者，苏州诸园以此为第一。故游人入是园，多少会产生闲云野鹤、去来无踪的雅致。

拙政园拜文揖沈之斋(倒影楼下层)望宜两亭
水馆风亭。

拙政园留听阁
红薇影转晴窗昼。

春水之腻,夏水之浓,秋水之静,冬水之寒,与四时花木,朝夕光影,构成了不同季节、不同时间的风光。

拙政园内有几处景点是绝不可错过的。远香堂是座四面敞开的荷花厅,荷香香远益清,所以称远香堂。人至此环身顾盼,一园之景可约略得之。前有山,后有岛,左有亭,右有台,而廊循周接,木映花承,鸟飞于天,鱼跃于渊,景物之恬适,如饮香醇,此为主景。右

拙政园自倚虹亭西望
千林未绿,凭阑浅画成图。

转枇杷园,回首远眺,月门中逗入远处雪香云蔚亭,此为对景。经海棠春坞,循阑至梧竹幽居,一亭四出辟拱,人坐其中,四顾皆景矣。渡曲桥登两岛,俯身临池,如入濠濮。望隔岸远香堂、香洲一带华堂、船舫,皆出水面,风荷数柄,摇曳碧波之间,涟漪乍皱,泂足醒人。至西北角,缓步随石径登楼,一园之景毕于楼下,以"见山"二字名楼。

通过"别有洞天"的深幽园门,进入园的西部。三十六鸳鸯馆居其中,南北二厅分居前后,南向观山景,北向看荷花,鸳鸯戏水,出没荷蕖间。隔岸浮翠阁出小山之上。所谓浮翠,是水绿、山碧、天青的意思。其旁濒池留听阁,取唐李商隐"留得残荷听雨声"意,此处宜秋,因构此景。浮翠阁之东,倒影楼与宜两亭互为对景,而一水盈盈,高下相见,游人至此,一园之胜毕矣。迟迟举步,回首依恋,园尽而兴未阑也。

小有亭台亦耐看　网师园

　　小有亭台亦耐看，并不容易做到，从艺术角度来讲，就是要以少胜多，要含蓄，要有不尽之意，要能得体，无过无不及，恰到好处。试以苏州网师园来谈谈，它是造园家推誉的小园典范。

　　网师园初建于宋代，原为南宋史正志的万卷堂故址。清乾隆年间（1736～1795）重建，同治年间（1862～1874）又重建修，形成了今天的规模。园占地不广，但是人处其境，会感到称心悦目，宛转多姿，可坐可留，足堪盘桓竟夕，确实有其迷人之处，能达到"淡语皆有味，浅语皆有致"的高度境界。

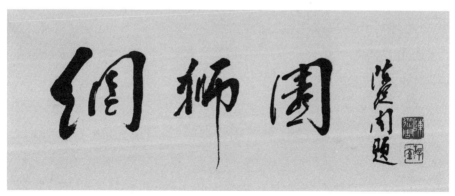

陈从周题网师园

濯缨水阁和月到风来亭

中国园林往往与住宅相连，是住宅建筑的组成部分。中国传统住宅多受封建社会的宗法思想影响，布局较为严谨，而园林部分却多范山模水，以自然景色出现，可调剂生活，增进舒适的情味。网师园的园林和住宅都不算大，皆以精巧见称，主宅亦只有会客饮宴用的大厅和起居的内厅。主宅旁则以楼屋为过渡，与西部的园林形成若接若分的处理，手法巧妙。

从桥厅西首入园，可看到门上刻有"网师小筑"四字，网师是托于渔隐的意思，因此，园的中心是一个大池。进园有曲廊接四面厅，厅名小山丛桂轩，轩前隔以花墙，山幽桂馥，香藏不散。轩东有便道，可直贯南北，径莫妙于曲，莫便于直，因为是便道所以是用直道，供当时仆人作传达递送之用的。蹈和馆琴室位轩西，小院回廊，迂徐曲折。欲扬先抑，未歌先敛，此处造园也用此技法，故小山丛桂轩的北面用黄石山围隔，称云冈。随廊越陂，有亭可留，名月到风来亭，视野开阔，明波若镜，渔矶高下，画桥迤逦，俱呈一池之中。其间高下虚实，云水变幻，骋怀游目，咫尺千里。"涓涓流水细侵阶，凿个池儿，招个月儿来，画栋频摇动，芙荷蘩尽倒开。"亭名正写此妙境。云冈以西，小阁临流，名"濯缨"，与看松读画轩隔水

名园依绿水

相呼。轩是园的主厅，其前古木若虬，老根盘结于苔石间，仿佛一幅画面。轩旁有廊一曲，与竹外一枝轩接连，东廊名"射鸭"，是一半亭，与池西之月到风来亭相映，凭阑得静观之趣。俯视池水，弥漫无尽，聚而支分，去来无踪，盖得力于溪口、湾头、石矶的巧妙安排，以假象逗人。桥与步石环池而筑，其用意在不分割水面，看去增加支流深远之意。至于驳岸有级，出水流矶，增人浮水之感。而亭、台、廊、榭无不面水，使全园处处有水可依。园不在大，泉不在广。唐杜甫诗所谓"名园依绿水"，正好为此园写照。池周山石，看去平易近人，蕴藉多姿，它的蓝本出自虎丘白莲池。

网师园西部殿春簃本来是栽植芍药花的,因为一春花事,芍药开在最后,所以名为"殿春"。小轩三间,复带书房,竹、石、梅、蕉隐于窗后,每当微阳淡淡地照着,宛如一幅浅色的画图。苏州的园林,此园的构思最佳。因为园小,建筑物处处凌虚,空间扩大,"透"字的妙用,随处得之。轩前面东为假山,与其西曲相对。西南的角上有一小水池,名为"涵碧",清澈醒人,与中部大池有脉可通,存水贵有源之意。泉上筑亭,名"冶泉",南面略置峰石,为殿春簃的对景。余地用卵石平整铺地。它与中部水池同一原则,都是以大片面积,形成水陆的对比。前者以石点水,后者以水点石。在总体上是利用建筑与山石的对比,相互更换,使人看去觉得变化多端。

万顷之园难在紧凑,数亩之园难在宽绰。紧凑则不觉其大,游无倦意,宽绰则不觉局促,览之有物,故以静动观园,有缩地扩基之妙,而奴役风月,左右游人,极尽构思之巧。网师园无旱船①、大桥,建筑物尺度略小,数量适可而止,停停当当,像个小园格局,这在造园学上称为"得体"。

至于树木栽植,小园宜多落叶,以疏植之,取其空透。此为以疏救塞,因为园小往往务多的缘故。小园布景有中空而边实,有中实而边空,前者如网师园,后者环秀山庄略似之。总之,在有限面积要有较大空间,这些空间要有变化,所以利用建筑、花墙、山石等分隔,以形成多种层次,而曲水弯环,又在布局上多不尽之意。造园之妙,盖在于此。

---

① 旱船是中国园林常见的一种建筑形式,为水边建造的船形建筑物,以供临水游憩眺望。

庭院深深深几许　留园

"小廊回合曲阑斜。""庭院深深深几许。"这些唐宋人的词句,描绘了中国庭院建筑之美。

苏州留园与拙政园一样,皆初建于明代,亦同样经过后人重修。其中部假山,出明代叠山匠师周秉忠之手。留园又名寒碧山庄,因为清刘蓉峰[①]重整此园时,多植白皮松,使园更显清俊,故以寒碧二字名之。刘氏好石,列十二峰宠其园,如冠云一峰,即驰誉至今。

进入留园,那狭长的进口,时暗时明,几经转折,始现花墙当面,仅见漏窗中隐现池石;及转身至明瑟楼,方见水石横陈,花木环覆,不觉此身已置画中矣。恰似白居易"千呼万唤始出来,犹抱琵琶半遮面"诗意。

此园之中部,有山环水,曲溪楼居其东,粉墙花桄,倒影历历,可亭踞北山之巅,闻木樨香轩与曲溪楼相对,但又隐于石间,藏而不露。游廊环园,起伏高低,止于池南。涵碧山房,荷花厅也。其西北小桥,架三层,各因地势形成立体交通。临水跨谷,各具功能,又各饶情趣。于数丈之地得之,巧于安排也。翘首西望,远眺枫林若醉,倾入池中,红泛碧波,引入遐想,得借景之妙。

---

① 刘蓉峰,清嘉庆年间(1796～1820)园林学家,为苏州留园的重要修整人之一。

庭院深深
留园入口处,以回廊曲院、洞门漏窗来增加空间层次,确是高手。

留园濠濮亭
为中部园景,后为曲溪楼。

　　园之东部多院落，楼堂错落，廊庑回缭，峰石水池，间列其前，游人至此，莫知所至。揖峰轩、五峰仙馆、林泉耆硕之馆、冠云楼等参差组合，各自成区，而又互通消息，实中寓虚，其运用墙之分隔，窗之空透，使变化多端，而风清月朗，花影栏杆，良宵更为宜人。

　　中部之水，东部之屋，西部之山，各有主体，各具特征，而皆有节奏韵律，人能得之者变化而已。而"园必隔，水必曲"之理，于此园最能体现。

留园揖峰轩前小景
半窗晴翠。

苏州环秀山庄

苏州环秀山庄为江南名园之一。园中叠石系吴中园林最杰出者,是研究我国古代叠山艺术的重要实例。

环秀山庄位于苏州市景德路,本五代广陵王钱氏金谷园故址。入宋归朱伯原,名乐圃。元时属张适。明成化间为杜东原所有,旋归申时行。中有宝纶堂,其裔孙改筑蘧园,建来青阁,魏禧作记。清乾隆间,蒋楫居之①,掘地得泉,名曰"飞雪"。毕沅继蒋氏有此园,复归孙补山家②。道光末属汪氏③,名耕荫义庄、颜曰环秀山庄,又名"颐园"。

---

① 蒋楫字济川,清乾隆时官刑部员外郎十年。兄曰梅,官户部郎中;恭秉官翰林,撰有《飞雪泉记》。诸蒋中楫家最饶。

② 据袁枚《小仓山房续集》卷三十二有《太子太保文渊阁大学士一等公孙公神道碑》。孙士毅,字智治,号补山,谥文靖,杭州人。叶铭《广印人传》:"文靖孙均字古云,袭伯爵,官散秩大臣,工篆刻,善花卉。中年奉母南归,侨寓吴门,所交多名流,极文酒之盛。"钱泳《履园丛话》卷十二"堆假山"条:"近时有戈裕良者,常州人,其堆法尤胜于诸家,如仪征之朴园、如皋之文园、江宁之五松园、虎丘之一榭园,又孙古云家厅前山子一座,皆其手笔。"戈氏创叠石钩带联络,如造环桥法。见同书同卷。

③ 冯桂芬《耕荫义庄记》:"相传宋时乐圃,后为景德寺,为学道书院,为兵巡道署,为申文定公祠。乾隆以来,蒋刑部楫、毕尚书沅、孙文靖公士毅迭居之。东偏有园,奇疆寿藤……"道光二十九年(1849)立义庄。

由补秋舫望假山

环秀山庄原来布局,前堂名"有榖",南向前后点石,翼以两廊及对照轩。堂后筑环秀山庄,北向四面厅,正对山林。水萦如带,一亭浮水,一亭枕山。西贯长廊,尽处有楼,楼外另叠小山,循山径登楼,可俯视全园。飞雪泉在其下,补秋舫则横卧北端。

主山位于园之东部,后负山坡前绕水。浮水一亭在池之西北隅,对飞雪泉,名问泉。自亭西南渡三曲桥入崖道,弯入谷中,有涧自西北来,横贯崖谷。经石洞,天窗隐约,钟乳垂垂,踏步石,上磴道,渡石梁,幽谷森严,阴翳蔽日。而一桥横跨,欲飞还敛,飞雪泉石壁,隐然若屏,即造园家所谓"对景"。沿山巅,达主峰,穿石洞,过飞桥,至于山后。枕山一亭,名半潭秋水一房山。缘泉而出,山蹊渐低,峰石参错,补秋舫在焉。东西二门额曰"凝青"、"摇碧",足以概括全园景色。其西为飞雪泉石壁,洞有步石,极险巧。

园初视之，山重水复，身入其境，移步换影，变化万端。概言之，"溪水因山成曲折，山蹊随地作低平。"得真山水之妙谛，却以极简洁洗练之笔出之。山中空而浑雄，谷曲折而幽深。中藏洞、屋，内贯涧流，佐以步石、崖道，宛自天开。磴道自东北来，与涧流相会于步石，至此仰则青天一线，俯则清流几曲，几疑身在万山中。上层以环道出之，绕以飞梁，越溪渡谷，组成重层游览线，千岩万壑，方位莫测，极似常熟燕园（又名燕谷①，……唯用石则不同（燕谷用黄石，山庄用湖石）。留园西北角，一溪之上，架桥三层，命意相同，系晚明周秉忠（时臣）叠，时间早于造燕园的戈裕良，可知其手法出处。

环秀山庄假山，传出乾嘉间常州戈裕良手。文献可征者，唯钱泳《履园丛话》，近人王謇《瓠庐杂缀》所记亦袭是说。兹就戈氏今存作品，如常熟燕园、扬州意园小盘谷（据秦氏藏意园图记），及乾嘉时代叠山之特征，可确定为戈氏之作。

我对于清代假山，约分为清初、乾嘉、同光三时期。清初犹承晚明风格，意简而蕴藉，虽叠一山，仅台、洞、磴道、亭榭数事，不落常套，而光景常新，雅隽如晚明小品文，耐人寻味。至乾嘉则堂庑扩大，雄健硕秀，构山功力加深，技术进步，是造园史上的一转折点。而戈氏运石似笔，挥洒自如，法备多端，实为乾嘉时期叠山之总结者。此时期假山体形大，腹空，中构洞壑、涧谷，戈氏复创钩带法，顶壁一气，技术先进，结构合理，视前之纯以石叠与土包石法有异，较叠山挑压之法提高。能以少量之石，叠大型之山，环秀山庄即为典型例子，非当时有较充裕的经济基础与先进之叠山技术，不克臻此。杭州文澜阁、北京乾隆御花园，皆此类型。当时社会倾向于大山深洞，而匠师又能抒其技，戈裕良特当时之翘楚。降及同光，经济衰落，技术渐衰，所谓土包石假山兴起，劣者仅知有石，几如积木。我曾讥为"排排坐，个个站，竖蜻蜓，叠罗汉，有洞必补，有缝必嵌"。虽苏州怡园假山在当时刻意为之，仍属中乘；其洞苦拟环秀山庄者，然终嫌局促。

山以深幽取胜，水以湾环见长，无一笔不曲，无一处不藏，设想布景，层出新

---

① 钱泳《履园丛话》卷二十"燕谷"条："燕谷在常熟北门内令公殿右。前台湾知府蒋元枢所筑。后五十年，其族子泰安令因培购得之，倩晋陵（常州）戈裕良叠石一堆，名曰燕谷。园甚小，而曲折得宜，结构有法。余每入城，亦时寓焉。"

向泉亭

意。水有源,山有脉,息息相通,以有限面积(园占地约二点四市亩,假山占地约半市亩)造无限空间;亭廊皆出山脚,补秋舫若浮水洞之上。此法为乾隆间造园惯例,北京乾隆御花园、承德避暑山庄等屡见不鲜,当自南中传入北国者。西北角飞雪岩,视主山为小,极空灵清峭,水口、飞石,妙胜画本。旁建小楼,有檐瀑,下临清潭,具曲尽绕梁之味。而亭前一泓,宛若点睛。

叠石之法,以大块竖石为骨,用劈斧法出之,刚健矫挺,以挑、吊、压、叠、拼、挂、嵌、镶为辅,计成所创"等分平衡法",至此扩大之。洞顶用钩带法。叠石既定(戈氏重叠石,突出使用,下脚石以黄石为之),骨架确立,以小石掇补,正画家大胆落墨,小心收拾,卷云自如,皴自峰生,悉符画本,其笔意兼宋元山水画之长。

戈氏承石涛之余绪,洞悉拼镶对缝之法,故纹理统一,宛转多姿,浑若天成。常州近园(康熙十一年,即公元 1672 年笪重光有记,王石谷有图),映水一山,崖道、洞壑、磴台,楚楚有致。此园早于戈氏,度戈氏必见此类先例,源渊有自,总结提高。但洞顶犹为条石,为早期作品可证。壁岩之法,计成已有论述,而实例以此山为最。崖道之法,常、锡故园用之者,视苏州为多(常州近园、无锡明王氏故园、石圹湾孙氏祠假山),此山更为突出。网师园假山亦佳,似为同时期稍晚作品。戈氏叠山以土辅之,山巅能植大树,此山与常熟燕园皆然,惜主山老枫已朽。

移山缩地,为造园家之惯技,而因地制宜,就地取材,择景模拟,叠石成山,则因人而别,各抒其长。环秀山庄仿自苏州阳山大石山[①],常熟燕园模自虞山,扬州意园略师平山堂麓,法同式异,各具地方风格。再如苏州网师园之山池,其蓝本乃虎丘白莲池,实同一例。环秀山庄无景可借,洞壑深幽,小中见大;而燕园借景虞山,燕谷石壁,俨如山麓;意园点石置峰,平远舒卷,"园以景胜,景因园异。"大匠不以式囿人,而能信手拈来,法存其中,皆成妙构。

环秀山庄假山,允称上选,叠山之法具备。造园者不见此山,正如学诗者未见李、杜,诚占我国园林史上重要之一页。

我每过苏州,必登此假山。去冬与王西野、邹宫伍二同志作数日盘桓,范山模水,征文考献,各抒己见,乃就鄙意为此文。

南京博物院《文博通讯》第 19 期(1978 年 5 月)

---

①　环秀山庄在清初曾为阳山巨富朱氏宅园,入口小弄原名阳山朱弄,今讹为杨三珠弄。

苏州沧浪亭

陈从周《题吴门沧浪诗社》(1984)

人们一提起苏州园林，总感到它封闭在高墙之内，窈然深锁，开畅不足。当然这是受历史条件所限，产生了一定的局限性。但古代的匠师们，能在这个小天地中创造别具风格的宅园，间隔了城市与山林的空间；如将园墙拆去，则面貌顿

沧浪亭亭前
古木通幽径，翠微路窄，晚烟半隐平林。

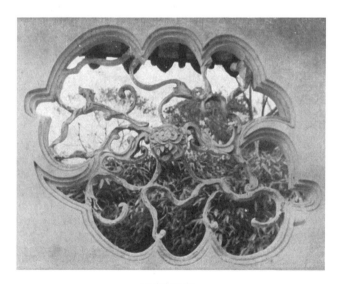

沧浪亭漏窗
修竹拂疏棂。

异，一无足取了。苏州尚有一座沧浪亭，也是大家所熟悉的名园。这座园子的外貌，非属封闭式。因葑溪之水，自南园潆回曲折，过"结草庵"（该庵今存白皮松，巨大为苏州之冠）涟漪一碧，与园周匝，从钓鱼台至藕花水榭一带，古台芳榭，高树长廊，未入园而隔水迎人，游者已为之神驰遐想了。

沧浪亭是个面水园林，可是园内则以山为主，山水截然分隔。"水令人远，石令人幽。"游者渡平桥入门，则山严林肃，瞿然岑寂，转眼之间，感觉为之一变。园周以复廊，廊间以花墙，两面可行。园外景色，自漏窗中投入，最逗游人。园内园外，似隔非隔，山崖水际，欲断还连。此沧浪亭构思之着眼处。若无一水萦带，则园中一丘一壑，平淡原无足观，不能与他园争胜。园外一笔，妙手得之，对比之运用，"不着一字，尽得风流"。

园林苍古，在于树老石拙，唯此园最为突出；而堂轩无藻饰，石径斜廊皆出于丛竹、蕉荫之间，高洁无一点金粉气。明道堂闿敞四合，是为主厅。其北峰峦若屏，耸然出乔木中者，即所谓沧浪亭。游者可凭临全园，山旁曲廊随坡，可凭可憩。其西轩窗三五，自成院落，地穴门洞，造型多样；而漏窗一端，品类为苏州诸

沧浪亭步埼廊

园冠。

看山楼居园之西南隅,筑于洞曲之上,近俯南园,平畴村舍(今已皆易建筑),远眺楞伽七子诸峰,隐现槛前。园前环水,园外借山,此园皆得之。

园多乔木修竹,万竿摇空,滴翠匀碧,沁人心脾。小院兰香,时盈客袖,粉墙竹影,天然画本,宜静观,宜雅游,宜作画,宜题诗。从宋代苏子美、欧阳修、梅圣俞,直到近代名画家吴昌硕,名篇成帙,美不胜收,尤以沧浪亭最早主人苏子美的绝句"夜雨连明春水生,娇云欲暖弄微晴。帘虚日薄花竹静,时有乳鸠相对鸣",最能写出此中静趣。

沧浪亭是现存苏州最古的园林,五代钱氏时为广陵王元璙池馆,或云其近戚吴军节度使孙承佑所作。宋庆历间苏舜钦(子美)买地作亭,名曰"沧浪",后为章申公家所有。建炎间毁,复归韩世忠。自元迄明为僧居。明嘉靖间筑妙隐庵、韩靳王祠。释文瑛复子美之业于荒残不治之余。清康熙间,宋荦抚吴重修,增建苏公祠以及五百名贤祠(今明道堂西),又构亭。道光七年(1827)重修,同治十二年(1873)再重建,遂成今状。门首刻有图,为最有价值的图文史料。园在性质上与他园有别,即长时期以来,略似公共性园林,"官绅"谯宴,文人"雅集",胥皆于此,宜乎其设计处理,别具一格。

南京博物馆《文博通讯》第 28 期(1979 年 12 月)

怡园与耦园

苏州诸园,怡园允推为后起之杰出者,论时代应属较晚,论成就,能承前而综合出之。但有佳处,亦有不周处,然仍不愧为吴中名园之一。

园本明吴宽复园故址,清同光间顾文彬重建,顾宦游浙江,其子顾承实经营之,得画家王云、范印泉、顾沄、程庭鹭诸人之助,在建造时每构一亭,每堆一石,顾承必构图商于乃父,故筑园颇为认真。

怡园为顾氏宅园,隔巷为住宅,后为家祠,其三者合一规模开狮子林贝氏之先。

园门今改建,原有门厅等不存。额为怡园,取"兄弟怡怡"之意。入内为东区,有坡仙琴馆、岁寒草庐,各自成区,而峰石亭亭,皆属上品,旧时青枫若盖,益增苍润。沿墙有石笋成林,幽篁成丛,真伪相间,古趣益然,此一园最幽静处。至于一抹夕晖,反照于复廊之上,花影重重,粉壁自画,则他园莫及之。

越复廊为西部,有池,藕香榭濒水,环顾皆山石,洞壑蜿蜒,而白皮松斜依波上,点破一池涟漪。越洞至画舫斋,乃旱船,居园西北隅,仿佛待发。其西隔墙为湛露堂,可赏牡丹,花时极绚烂,院落则幽深,景因情而感益深。至若玉虹亭、螺髻亭皆能安排妥帖,各点其景。曲廊转角之小景配置,能留人驻足,得空灵之妙。园之花木,有梅林、松林、竹林,以群植出之,能各显其长。

怡园拜石轩前
紫苔苍壁，小园曲径疏篱。

怡园镜中小沧浪
花光人影。

耦园东部荷花厅
临池飞阁乍青红。

耦园西部藏书楼
满庭岩桂谒香风。

怡园之构思,欲集吴中诸园之长,而荟于一园之中,苦费经营,故复廊仿沧浪亭,旱船仿拙政园,假山摹环秀山庄,而小院、石林学留园等,皆有迹可寻者。清同光间吴门画风崇尚摹拟,造园亦多受影响,怡园之筑,可以证之矣。

"以楼环园,以水环楼。"以水环楼,此我品耦园之论。此园其能引人入胜者,且尽泉石一端而已。相地得宜,因地成景,耦园可谓得环境之优。

园清初陆锦所筑,即今之西部。同光间沈秉成重构之,增东部之园,故名为"耦"。沈解园事,修葺得宜,住宅与园林之参错组合,一反常规,吴中当推此园。

西园以书斋织帘老屋为主,前后列山石,以藏书楼压其背,小轩隐其前。迤西为厅事,经廊院,达东园,黄石山依池,水狭长,尽端有水阁名山水间,山间僻径,名"邃谷",与水流相间,皆以幽深取胜。山之石壁冠吴中,朴厚之境,宛如太古,山麓衬以古柏,益多苍郁。北殿城曲草堂,示主人退隐之思。东南为双照楼,与"耦"同意。楼以复道廊相联,南接听橹楼,楼名点景。

耦园之外为城河,风帆出没,橹声欸乃,故景、声、影,皆能一一招纳园内,赖楼以出之,而关键在一"环"字。造园固难,品园不易,游园更忌草草,有形之景,兴无限之情,庶几不负名园也。

同里退思园

初冬的微阳,浅照在江南的原野,我又重游了水乡吴江同里的退思园。往事如烟,触景怀人,说来也话长了。

退思园自从我誉为贴水园后,地方上能欣然会意,花了很大的力量,修理得体。我小立池边,想起我初知退思园之名,还是四十多年前的事了。我当时在圣约翰大学教书,同事任味之(传薪)先生就是该园的主人。任老长我三十岁,与我为忘年交,学者兼名士,他能度曲,是曲学泰斗吴瞿安(梅)的好友。留学过德国,又在园东创办了一所女子中学,开风气之先。园与宅相连,前有菊圃,植菊千本,与常熟曾孟朴先生的虚廓园中栽月季一样豪华,我相信将来退思园的艺菊也可能添一时景吧。

历史上,同里有位计成,在中国造园史上享有不朽的盛名。计成生于明万历十年(1582),他著有《园冶》一书,是造园学的经典著作,不但影响我国,而且传播到日本及现在的西方。明年是他诞生四百一十周年,我建议我们造园界在吴江县政府的倡导下在同里开个纪念会,并在那里造一个“计亭”,让世界的园林界与旅游者前来凭吊。

吴江这地方,真是个文化之地,过去茶坊酒肆中品画闲吟,听书拍曲,仅以我认识的学者名流曲家来谈,除任老外,还有金松岑、凌敬言、金立初、蔡正仁、计镇

吴江退思园
园中厅房楼阁与旱船等建筑,排列有序。

华、徐孝穆诸先生,人物前后跨越约一百年。这个以园名曲名的江南水乡,触发了我的情思,因此叫出了"江南华厦,水乡名园"两句话,还加了一句"度曲松陵"(吴江又称松陵)。

任味之先生是退思园的最后主人了,晚年住上海,园渐衰落,一直到解放后已是残毁不堪了。因为任老的关系,我关心了一下,终于救了出来,这也是佛家所谓缘吧?

同里以水名,无水无同里,过去退思园边就有清流,现在填掉了。我多么希望能恢复原状。退思园论时代是较晚近一些,布局进步了,正路照壁门屋下房轿厅大厅,东边上房是主人居住之处,一个大走马楼,左右楼廊联之,天井大,很是开朗,再东为客房、书房,在楼屋中,点缀山石乔木,极清静,再东为花园,园外远处为女校,其平面发展自西向东,各自成区,园又有别门可出入。华厦完整,园林如画,相配得很是可人、宜人,可惜园外有一座水塔,借景变成增丑,不知何日可以迁走呢?

目前大家在谈经济开发,同里以园带水,以水带财,水乡、水园、水磨腔(昆曲名水磨腔)——中国的威尼斯。如能恢复已填的市河,可形成以水游为主的水乡风味特色的江南景点。"曲终过尽松陵路,回首烟波十四桥。"太富有诗情画意了。

一九九一年一月

西湖园林风格漫谈

　　西湖的园林建筑是我们园林修建工作者的一个重大课题,它既复杂又多样,其中有巨作,有小品,是好题材。古来的作家诗人,从各种不同角度,写成了若干的不朽作品,到今日尚能引起我们或多或少的幻想和憧憬。

　　西湖是我国最美丽的风景区之一。今天在党的领导下,经过多少人的辛勤劳动,使她越变越美丽。可是西湖并不是从白纸上绘制的一幅新图画,她至少已有一千多年的历史(说得少点从唐宋开始),并在前人的基础上一直在重新修改。唐人诗词上歌咏的与宋人笔记上记载的西湖,我们今天仍能在文献资料中看到。社会在不断发展,西湖也不断地在变,今天希望她变得更好,因此有必要来讨论一下。清人汪春田《重葺文园诗》:"换却花篱补石阑,改园更比改诗难;果能字字吟来稳,小有亭台亦耐看。"这首诗对我们园林修建工作者来说,真是一语道破了其中的甘苦,他的体会确是"如鱼饮水,冷暖自知"。花篱也罢,石阑也罢,我们今天要推敲的是到底今后西湖在建设中应如何变得更理想,这就牵涉到西湖园林风格问题,这问题我相信大家一定可以"争鸣"一下,如今我来先谈西湖的风景。

　　西湖在杭州城西,过去沿湖滨一带是城墙。从前游西湖要出钱塘门涌金门与清波门,因此《白蛇传》的许仙与白娘娘就是在这儿会见的。她既位于西首,三面环山,一面临城,因此在凭眺上就有三个面:即面南山、北山和面城的西山。以风景而论，从南向北，从东向西比从北望南来得好，因为面北面西，山色都在阳面，景色宜人，如私家园林的"见山楼"、"荷花厅"多半是北向的。可是建筑物面向风景后又不免要处于阴面，想达到"二难并，四美具"，就要求建筑师在单体设计时，在朝向上巧妙地考虑问题了。西山与北山既为最好的风景面，因此这两山（包括孤山）是否适宜造过于高大的建筑物，以致占去过多的绿化面与山水？如孤山，本来不大，如果重重地满布建筑物的话，是否会产生头重脚轻失调现象？去年同济大学设计院在孤山图书馆设计方案时，我就开宗明义地提出了这个问题。即使不得已在实际需要上必须建造，亦宜大园包小园，以散为主，这样使建筑物隐于高树奇石之中，两者会显得相得益彰。再其次，有些风景遥望极佳，而观赏者要立足于相当距离外的观赏点，因此建筑物要求发挥观赏佳景作用并不等同于据此佳丽之地，大兴土木，甚至于据山盘踞，而是若即若离地去欣赏此景，这就是造园中所谓"借景"对景的命意所在。我想如果最好的风景面上都造上了房子，不但破坏了风景面，即居此建筑中也了无足观，正所谓"不见庐山真面目"了。过去诗文中常常提到杭州城南风光，依我看来还是北望宝石山、孤山与白堤一带景物更为美妙吧。

　　西湖风景有开朗明净似镜的湖光，有深涧曲折、万竹夹道的山径，有临水的水阁湖楼，有倚山的山居岩舍，景物各因所处之地不同而异。这些正是由于西湖有山有水的优越条件而形成。既有此优越条件，那"因地制宜"便是我们设计时最好的依据了。文章有论著，有小品，各因题材内容而异，但总是要切题，要有法度。清代钱泳说得好："造园如作诗文，必使曲折有法。"这就提出了园林要曲折，要有变化的要求，因此西湖既有如此多变的风景面，我们做起文章来，正需诗词歌赋件件齐备，画龙点睛，锦上添花，只要我们构思下笔就是。我觉得今后对西湖这许多不同的风景面，应事先好好地安排考虑一下，最重要的是先广搜历史文献，然后实地勘察，左顾右盼，上眺下瞰，选出若干欣赏点，选就以后就能规定何处可以建筑；何处只供观赏，不能建造多量建筑物；何处适宜作安静的疗养处；何处是文化休憩处。这都要先"相地"，正如西泠印社四照阁上一联所说的："面面有情，环水抱山山抱水；心心相印，因人传地地传人。"上联所指，是针对"相地""借景"两件园林中最主要的要求而言，我想如果到四照阁去过的人，一定体会很深。

　　大规模的风景区必然有隐与显不同的风景点,像西湖这样的自然环境,当然不能例外,有面面有情、顾盼生姿的西湖湖面及环山;有"遥看近却无"的"双峰插云";更有"曲径通幽"的韬光龙井,古人在处理这许多各具特色的风景点,用的是不同的巧妙手法,因此今后安排景物时,如何能做到不落常套,推陈出新,我想对前人的一些优秀手法,以及保存下来的出色实例,都应作进一步的继承与发扬。当然我们事先应作很好的调查,将原来的家底摸清楚,再作出较全面的分析,这样可以比较实事求是一些。

南宋李嵩杭州《西湖图》题款

　　西湖是个大风景区,建筑物对景物起着很大的作用,两者互相依存,所谓"好花须映好楼台"。尤其是中国园林,这种特点更显得突出。西湖不像私家园林那样要用大量的亭台楼阁,可是建筑物却是不可缺少的主体之一。我想西湖不同于今日苏、扬一带古典园林,建筑物的形式不必局限于翼角起翘的南方大型建筑形式,当然红楼碧瓦亦非所取,如果说能做到雅淡的粉墙素瓦的浙中风格,予人以清静恬适的感觉便是。大型的可以翼角起翘,小型的可以水戗发戗或悬山、硬山、游廊、半亭,做到曲折得宜,便是好布置。我们试看北京颐和园主要的佛香阁一组用琉璃瓦大屋顶,次要的殿宇馆阁,就是灰瓦覆顶。即使封建社会皇家的穷奢极欲,也还不是千篇一律地处理。再者西湖范围既如此之大,地区有隐有显,有些地方建筑物要突出,有些地方相反地要不显著,有些地方要适当点缀,因此在不同的情况下,要灵活地应用,确定风景和建筑何者为主,或风景与建筑必须相映成趣,这些都要事先充分地考虑。尤其是今天,西湖的建筑物有着不同的功能,这就使我们不能强调内容为先,还是形式为先,要注意到两者关系的统一。

好在西湖范围较大,有山有水,有谷有岭,有前山有后山,如果能如上文所说能事先有明确的分区,严格的执行,这问题想来亦不太大。如此保持了整个西湖风格的统一,与其景色的特色。

西湖过去有"十景",今后当有更多的好景。所谓"十景"是指十个不同的风景欣赏点,有带季节性的如"苏堤春晓"、"平湖秋月";有带时间性的"雷峰夕照";有表示气候特色的"曲院风荷"、"断桥残雪";有突出山景的"双峰插云";有着重听觉的"柳浪闻莺"等。总之根据不同的地点、时间、空间,产生了不同的景物,这些景物流传得那么久,那么深入人心,是并非偶然的。好景一经道破,便成绝响,自然每一个到过西湖的游客都会留下不灭的印象。因此今日对于景物的突出,主题的明确,是要加以慎重考虑的,如果景色宾重于主,或虽有主而不突出,如曲院风荷没有荷花,即使有不过点缀一下,那么如何叫一望便知是名副其实呢。所以这里提出,今后对于这类复杂课题,都要提到诗情画意,若即若离,空濛山色,迷离烟水的境界去进行思考处理,因此说西湖是画,是诗,是园林,关键在我们如何从各种不同角度来理解她。

树木对于园林风格是起一定作用的,记得古人有这样的句子"明湖一碧,青山四围,六桥锁烟水",将西湖风景一下子勾勒了出来。从"六桥烟水"四字,必然使读者联想到西湖的杨柳,这是烟水垂杨,是那么的拂水依人。再说"绿杨城郭是扬州","白门杨柳好藏鸦",都是说像扬州、南京这种城市,正如西湖一样以杨柳为其主要绿化物。其他如黄山松,栖霞山红叶,也都各有其绿化特征。西湖在整个的绿化上不能没有其主要的树类,然后其他次要的树木才能环绕主要树木,适当地进行配合与安排。如果不加选择,兼收并蓄的话,很难想象会造成什么结果。正如画一样必定要有统一的气韵格调,假山有统一的皴法。我觉得西湖似应以杨柳为主,此树喜水,培养亦易,是绿化中最易见效的植物。其次必须注意到风景点的特点,如韬光的楠木林、云栖龙井的竹径,满觉陇的桂花,孤山的梅花,都要重点栽植。这样既有一般,又有重点,更好地构成了风景地区的逗人风光。至于宜于西湖生长的一些花木,如樟树、竹林,前者数年即亭亭如盖,后者隔岁便翠竿成荫,在浙中园林常以此二者为主要绿化植物,而且经济价值亦大,我认为亦不妨一试,以标帜浙中园林植物的特点。更若外来的植物,在不破坏原来风格的情况下,亦可酌量栽植,不过最好是专门辟为植物园,那么所收效果或较散植为佳。盆景在浙江所用的,比苏州扬州更丰富多彩,我记得过去看见的那些梅桩与佛手桩、香橼桩,苍枝缀玉,碧树垂金,都是他处罕有的,皆出金华、兰溪匠师之手。像这些地方特色较重的盆景,如果能继续发扬的话,一定会增加西湖景色不少。

一九六二年三月

《文汇报》(1962 年 3 月 14 日)

瘦西湖漫谈

　　扬州瘦西湖,由几条河流组织成一个狭长的水面,其中点缀一些岛屿,夹岸柳色,柔条千缕。在最阔的湖面上,五亭桥及白塔突出水面,如北海的琼华岛与西湖的保俶塔一样,成为瘦西湖的特征。白塔在形式上与北海相仿佛,然比例秀匀,玉立亭亭,晴云临水,有别于北海白塔的厚重工稳。从钓鱼台两圆拱门远眺,白塔与五亭桥正分别逗入两园门中,构成了极空灵的一幅画图。每一个到过瘦西湖的,在有意无意之中见到这种情景,感到有"但可意味不可言传"的妙境。这种手法,在园林建筑上称为"借景",是我国造园艺术上最优秀巧妙手法之一。湖中最大一岛名小金山,它是仿镇江金山而堆,却冠以一"小"字,此亦正如西湖之上加一"瘦"字、城内的秦淮河加一"小"字一样,都是以极玲珑婉约的字面来点出景物。因此我说瘦西湖如盆景一样,虽小却予人以"小中见大"的感觉。

　　瘦西湖四周无高山,仅其西北有平山堂与观音山,亦非峻拔凌云,唯略具山势而已,因此过去皆沿湖筑园。我们从清代乾隆南巡盛典赵之璧《平山堂图》、李斗《扬州画舫录》及骆在田《扬州名胜图》等来看,可以见到清代乾隆、嘉庆两代瘦西湖最盛时期的景象。楼台亭榭,洞房曲户,一花一石,无不各出新意。这时的布置是以很多的私家园林环绕了瘦西湖,从北门直达平山堂,形成一个有合有分、互相"因借"的风景区。瘦西湖是水游诸园的通道。建筑物类皆一二层,在平面的处理上是曲折多变，如此不但增加了空间感，而且又与低平水面互相呼应，更突出了白塔、五亭桥，遥远地又以平山堂、观音山作"借景"。沿湖建筑特别注意到如何陆水交融，曲岸引流，使陆上有限的面积用水来加以扩大。现在对我们处理瘦西湖的布置上，这些手法想来还有借鉴的必要。至于假山，我觉得应该用平冈小坡形成起伏，用以点缀和破平直的湖面与四野，使大园中的小园，在地形及空间分隔上，都起较多的变化。

登小金山俯瞰瘦西湖
瘦西湖最美是在烟雨中，白塔、凫庄、五亭桥和垂岸杨柳若隐若现，如画如诗。

　　扬州建筑兼有南北二地之长，既有北方之雄伟，复有南方之秀丽，因此在建筑形式方面，应该发挥其地方风格，不能夸苏式之轻巧，学北方之沉重，正须不轻不重，恰到好处。色泽方面，在雅淡的髹饰上，不妨略点缀少许鲜艳，使烟雨的水面上顿觉清新。旧时虹桥名红桥，是围以赤栏的。

　　平山堂是瘦西湖一带最高的扠　　堂前可眺望江南山色。有一联将景物概括殆尽："晓起凭阑,六代青山都到眼;晚来把酒,二分明月正当头。"而唐代杜牧的"青山隐隐水迢迢,秋尽江南草未凋",又是在秋日登山,不期而然诵出来的诗句。此堂远眺,正与隔江山平,故称平山堂。平山二字,一言将此处景物道破。此山既以望为主,当然要注意其前的建筑物,如果为了远眺江南山色,近俯瘦西湖景物,而在山下大起楼阁,势必与平山堂争宠,最后卒至两难成美。我觉得平山堂下宜以点缀低平建筑,与瘦西湖蜿蜒曲折的湖尾相配合,这样不但烘托了平山堂的高度,同时又不阻碍平山堂的视野。从瘦西湖湖面远远望去,柳色掩映,仿佛一幅仙山楼阁,凭阑处处成图了。

扬州是隋唐古城(旧址在平山堂后),千余年来留下了许多胜迹,经过无数名人的题咏,渐渐地深入了大家的心中。如隋炀帝的迷楼故址,杜牧、姜夔所咏的二十四桥,欧阳修的平山堂,虹桥修禊的倚虹园等,它与瘦西湖的"四桥烟雨"、"白塔晴云"、"春台明月"、"蜀冈晚照"等二十景一样,给瘦西湖招来了无数的游客,平添了无数的佳话。这些古迹与风景点,今后应宜重点突出地来修建整理。它是文学艺术与风景相合形成的结晶,是中国园林高度艺术的表现手法。

扬州旧称绿杨城郭,瘦西湖上又有绿杨村,不用说瘦西湖的绿化是应以杨柳为主了。也许从隋炀帝到扬州来后,人们一直抬高了这杨柳的地位,经千年多的沿袭,使扬州环绕了万缕千丝的依依柳色,装点成了一个晴雨皆宜,具有江南风格的淮左名都,这不能不说是成功的。它注意到植物的适应性与形态的优美,在城市绿化上能见功效,对此我们现在还有继承的必要。在瘦西湖的春日,我最爱"长堤春柳"一带,在夏雨笼晴的时分,我又喜看"四桥烟雨"。总之不论在山际水旁,廊沿亭畔,它都能安排得妥帖宜人,尤其迎风拂面,予人以十分依恋之感。杨柳之外,牡丹、芍药为扬州名花,园林中的牡丹台与芍药阑是最大的特色,而后者更为显著。姜夔词:"二十四桥仍在,波心荡冷月无声,念桥边红药,年年知为谁生。"可以想见宋代湖上芍药种植的普遍。至于修竹,在扬州又有悠久的历史,所谓"竹西佳处"。古代画家石涛、郑燮、金农等都曾为竹写照,留下许多佳作。扬州的竹,清秀中带雄健,有其独特风格,与江南的稍异。瘦西湖四周无山,平畴空旷,似应以此遍植,则碧玉摇空与鹅黄拂水,发挥竹与柳的风姿神态,想来不至太无理吧。其他如玉兰芭蕉、天竹蜡梅、海棠桃杏等,在瘦西湖皆能生长得很好。

它们与前竹、柳在色泽构图上，皆能调和，在季节上，各抒所长，亦有培养之必要。山旁树际的书带草，终年常青，亦为此地特色。湖不广，荷花似应以少为宜，不致占过多水面。平山堂一区应以松林为障，银杏为辅，使高挺入云。今日古城中保存有巨大银杏的，当推扬州为最。今后对原有的大树，在建筑时应尽量地保存，《园冶》说得好："多年树木，让一步可以立根，斫数桠不妨封顶。斯谓雕栋飞楹构易，荫槐挺玉成难。"

盆景在扬州一带有其悠久的历史，与江南苏州颉颃久矣。其特色是古拙经久，气魄雄伟，雅健多姿，而无忸怩作态之状；对自然的抵抗力很强，适应性亦大。在剪扎上下了功夫，大盆的松、柏、黄杨，虬枝老干，缀以"云片"繁枝，参差有序，具人工天然之美于一处。其他盆菊、桃桩、梅桩、香橼、文旦桩等，亦各臻其妙。它可说是南北、江浙盆景手法的总和，而又能自出心裁，别成一格，故云之为"扬州风"。瘦西湖湖面不大，水面狭长曲折。要在这样小的范围中游览欣赏，体会其人工风景区的妙处，在游的方式上，亦经推敲过一番。如疾车走马，片刻即尽，则雨丝风片，烟渚柔波，都无从领略。如易以画舫，从城内小秦淮慢慢地摇荡入湖，这样不但延长了游程，并且自画舫中不同的窗框中窥湖上景物，构成了无数生动的构图，给游者以细细的咀嚼，它和西湖的游艇是有浅斟低酌与饱饮大嚼的不同。王士禛诗说："日午画船桥下过，衣香人影太匆匆。"我想既到瘦西湖去，不妨细细领略一番，何必太匆匆地走马看花呢。

我国古典园林及风景名胜地的联额，是对这风景点最概括而最美丽的说明，使游者在欣赏时起很大的理解作用。瘦西湖当然不能例外。其选词择句，书法形式，都经细致琢磨，瘦西湖的大名，是与这些联额分不开的。在《扬州画舫录》中，我们随便检出几联，如"四桥烟雨"的集唐诗二联"树影悠悠花悄悄，晴雨漠漠柳毿毿"，"春烟生古石，疏柳映新塘"等，都是信手拈来，遂成妙语。其风景点及建筑物的命名，都环绕了瘦西湖的特征"瘦"来安排，辞采上没有与瘦西湖的总名有所抵触。瘦西湖不但在具体的景物色调上能保持统一，而且对那些无形的声诗，亦是作同样的处理，益信我国园林设计是多方面的一个综合艺术作品。

总之，瘦西湖是扬州的风景区，它利用自然的地形，加以人工的整理，由很多小园形成一个整体，其中有分有合，有主有宾，互相"因借"，虽范围不大，而景物无穷。尤其在摹仿他处能不落因袭,处处显示自己面貌,在我国古典园林中别具一格。由此可见,造园虽有法而无式,但能掌握"因地制宜"与"借景"等原则,那么高冈低坡、山亭水榭,都可随宜安排,有法度可循,使风花雪月长驻容颜。

瘦西湖的形成,自有其历史的背景。对于在一定历史条件下形成的风景区,在今日修建时,我们固要考虑其原来特色,而更重要的,还应考虑怎样与今日的生活相配合,做到古为今用,又不破坏其原有风格,这是值得大家讨论的。我想如果做得好的话,瘦西湖二十景外,必然有更多新的景物产生。至于怎样"因地制宜"与"借景"等,在节约人力、物力的原则下,对中小型城市布置绿化园林地带,我觉得瘦西湖还有许多可以参考的地方,但仍要充分发挥该地方的特点,做到园异景新。今日我介绍瘦西湖,亦不过标其一格而已。"十里画图新阆苑,二分明月旧扬州。"我相信在今后的建设中,瘦西湖将变得更为美丽。

《文汇报》(1962 年 6 月 14 日)

扬州片石山房

——石涛叠山作品

　　石涛是我国明末杰出的一个大画家。他在艺术上的造诣是多方面的，不论书画、诗文以及画论，都达到高度境界，在当时起了革新的作用。在园林建筑的叠山方面，他也很精通。《扬州画舫录》《扬州府志》及《履园丛话》等书，都说到他兼工叠石，并且在流寓扬州的时候，留下了若干假山作品。

　　扬州石涛所叠的假山，据文献记载有两处：其一，万石园。《扬州画舫录》卷二："释道济字石涛……兼工累石，扬州以名园胜，名园以累石胜，余氏万石园出道济手，至今称胜迹。"《嘉庆扬州府志》卷三十："万石园汪氏旧宅，以石涛和尚画稿布置为园，太湖石以万计，故名万石。中有樾香楼、临漪槛、援松阁、梅舫诸胜，乾隆间石归康山，遂废。"其二，片山石房。《履园丛话》卷二十："扬州新城花园巷又有片石山房者，二厅之后，漱以方池。池上有太湖石山子一座，高五六丈，甚奇峭，相传为石涛和尚手笔。"万石园因多见于著录，大家比较熟悉，可是早毁于乾隆间，而利用该园园石新建的康山今又废，因此现已无痕迹可寻。唯一幸存的遗迹，便是这次我发现的片石山房了。

　　近年来，我在扬州对古建筑与园林住宅作较全面的调查研究。在市区东南隅花园巷东尽头旧何宅内，有倚墙假山一座，虽然面积不大，池水亦被填没，然而从堆叠手法的精妙，以及形制的古朴来看，在已知的现存扬州园林中，应推其年

片石山房门额

代最早,其时间当在清初,确是一件不可多得的精品。现在从其堆叠的手法分析,再证以钱泳《履园丛话》的记载,传出石涛之手是可征信的,确是石涛叠山的"人间孤品"。

假山位于何宅的后墙前,南向,从平面看来是一座横长的倚墙假山。西首为主峰,迎风耸翠,奇峭迫人,俯临水池。度飞梁经石磴,曲折沿石壁而达峰巅。峰下筑方正的石屋(实为砖砌)二间,别具一格,即所谓"片石山房"。向东山石蜿蜒,下构洞曲,幽邃深杳,运石浑成。可惜洞西已倾圮,山上建筑亦不存,无从窥其全璧。此种布局手法,大体上仍沿袭明代叠山的惯例,不过石涛加以重点突出,主峰与山洞都更为显著,全局主次格外分明,虽地形不大,而挥洒自如,疏密有度,片石峥嵘,更合山房命意。

扬州属江淮平原,附近无山。园林叠山的石料,必仰给于他地,如苏州、镇江、宣城、灵璧等处。有湖石、黄石、雪石、灵璧石等,品类较苏州所用者为最多。因为扬州主要依靠水路运输,石料不能过大,所以在堆叠时要运用高度的技巧。石涛所叠的万石园,想来便是以小石拼凑而成山的。片石山房的假山,在选石上用过很大的功夫,然后将石之大小按纹理组合成山,运用了他自己画论上"峰与皴合,皴自峰生"(《苦瓜和尚画语录》)的道理,叠成"一峰突起,连冈断堑,变幻顷刻,似续不续"(石涛论画见《苦瓜小景》)的章法。因此虽高峰深洞,了无斧凿之痕,而皴法的统一,虚实的对比,全局的紧凑,非深通画理又能与实践相结合者不能臻此。此种做法,到后期因不能掌握得法,便用条石横排,以小石包镶,矫揉造作,顿失自然之态。因为石料取之不易,一般水池少用石驳岸,在叠山上复运用了岩壁的做法,不但增加了园林景物的深度,且可节约土地与用石,至其做法,则比苏州诸园来得玲珑精巧。其他主峰、洞曲、磴道、飞梁与步石等的安排,亦妥帖有致。钱泳《履园丛话》卷十二:"堆假山者,国初以张南垣为最。康熙中则有石涛和尚,其后则仇好石、董道士、王天于(从周按:应作王庭余)、张国泰皆妙手。近时有戈裕良者,常州人,其堆法尤胜于诸家。"戈裕良比石涛稍后,为乾嘉时著名叠山家。他的作品有很多就运用了这些手法。从他的作品——苏州环秀山庄、常熟燕园(扬州秦氏意园小盘谷,亦戈氏黄石叠山小品,惜仅存残迹),可看出戈氏能在继承中再提高。由于他掌握了石涛的"峰与皴合,皴自峰生"的道理,因而环秀山庄深幽多变,以湖石叠成;而燕园则平淡天真,以黄石掇成。前者繁而有序,深幽处见功力,如王蒙横幅;后者简而不薄,平淡处见蕴藉,似倪瓒小品。盖两者基于用石之不同,因材而运技,形成了不同的丘壑与意境。如果说石涛的叠山如其画一样,亦为一代之宗师,启后世之先声,恐亦非过誉。

如今再研究钱泳《履园丛话》所记片石山房地址,也是相合的。二厅今存其一,系面阔三间的楠木厅,其建筑年代当在乾隆间。池虽填没,然其湖石驳岸范围尚在,山石品类用湖石,更复一致。山峰出围墙之上,其高度又能仿佛,而叠山之妙,独峰耸翠,确当得起"奇峭"二字。综上则与文献所示均能吻合。案石涛晚年流寓扬州,傅抱石著《石涛上人年谱》所载,从清康熙三十六年(1697)石涛六十八岁起,到康熙四十六年(1707)七十八岁殁,一直没有离开扬州。就是在一六七八年至一六九七年前后八九年的时间中,也常来扬州。书画上所署的大涤草堂、青莲草阁、耕心草堂、岱瞻草堂、一枝阁等,都是在扬州时,除平山堂、净慧寺二处外所常用的斋名。复据五十八岁(1687)所作黄海云涛题语:"时丁卯冬日,北游不果,客广陵大树下……"六十九岁(1698)所作澄心堂尺幅轴款云:"戊寅冬日,广陵东城草堂并识。"七十岁(1699)所作《黄山图卷跋》云:"劲庵先生游黄山还广

重修片石山房记

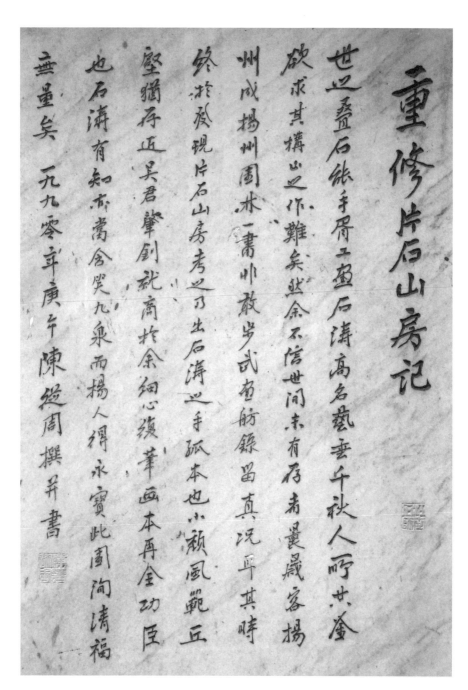

世之叠石张手屑工画石涛高名艺垂千秋人盯共釜
欲求其构以之作难矣然余不信世间未有存者曼晟客扬
州咸扬州园林一萧州散岁武夤舫録留真况呼其畤
终於发现片石山房考之可出石涛之手孤本也小颖风范丘
坚犹存迁吴君肇剑就商於余细心复革画本再全功陸
也石涛有知亦当含哭九乘而扬人得永宝此园淘清福
无量矣　一九九零年庚午陈従周撰并书

《重修片石山房记》碑刻

陵,招集河下,说黄山之胜……己卯又七月。"案片石山房在城东南,其前为南河下,东为北河下,后有巷名大树巷。今虽不能确指东城即今市区东部(亦即扬州新城东部),但河下即南河下或北河下,大树下即大树巷。要之,石涛当时居停处,可能一度在花园巷附近。他生于明崇祯三年(1630),殁于清康熙四十六年(1707),葬于蜀冈之麓(据友人扬州牙刻家黄汉侯说,石涛墓在平山堂后,其师陈锡蕃画家在世时,尚能指出其地址,后渐湮没)。而钱泳则生于乾隆二十四年(1759),殁于道光二十四年(1844)。从一七五九年上推至一七〇七年,为时仅五十二年,论时间并不太久。再者钱泳是一个多面发展的艺术家,在园林与建筑方面有很独到的见解,尤其可贵的是对当时各地的一些名园,都亲自访观过,还做了记录,不失为我们今日研究园林史的重要资料。他亦流寓过扬州,名胜与园林的匾额有很多为他所写,今扬州的二分明月楼额,即出钱泳笔。因此他的记载比一般人的笔记转录传闻的要可靠得多,一定是有所根据的。再以石涛流寓扬州的时期而论,这片石山房的假山,应该属于他晚年的作品,时间当在清初了。

从以上所述实物与文献的参证,可以初步认为片石山房的假山出石涛之手,为今日唯一的石涛叠山手迹,也是我们此次扬州调查所知的现存最早假山。它不但是叠山技术发展过程中的重要证物,而且又属石涛山水画创作的真实模型。作为研究园林艺术来说,它的价值是可以不言而喻的[①]。

一九六二年

《文物》1962年第2期

---

①　检1820年刊酿花使者纂著《花间笑语》谓:"片石山楼为廉使吴之黼字竹屏别业,山石乃牧山僧所位置,有听雨轩、瓶櫑斋、蝴蝶厅、海楼、水榭诸景,今废,只存听雨轩、水榭,为双槐茶园。"此说较迟,乃酿花使者小游扬州时所记,似为传闻之误。——作者原注。

泰州乔园

　　泰州是仅次于扬州的一个苏北大城市,以商业与轻工业为主,在历史上复少兵灾,因此古建筑园林与文物保存下来视他市较多,如南山寺五代碑座,明代的天王殿及正殿,正殿建于天顺七年癸未(1463),在大木结构上,内外柱皆等高,脊檩下用叉手,犹袭元以前的建筑手法。明隆庆间的蒋科住宅楠木大厅、明末的宫宅大厅,现状尚完整。其他岱山庙的唐末铜钟、宋铜像等,前者款识为"同光",后者为崇宁五年(即宋大观元年,1107)及宋靖康元年丙午(1126)所造。园林则推"乔园"。

　　乔园在泰州城内八字桥直街,系明代万历间官僚地主太仆陈应芳所建,名曰涉园,取晋陶潜《归去来兮辞》中"园日涉以成趣"之意名额。应芳名兰台,著有《日涉园笔记》。园于清康熙初归田氏,雍正间为高氏所有,更名三峰园,咸丰间属吴文锡(字莲香),名蛰园,旋入两淮盐运使乔松年(字鹤侪)手,遂以"乔园"名。在高凤翥(字麓庵)一度居住时期,曾由李育(某生)作园图,周庠(字西笭)绘园四面景图,则在道光五年(1825)。咸丰九年己未(1859)吴文锡复修是园后,又作《蛰园记》。从记载中分别可以看到当时的园况,为今存苏北地区最古的园林。

　　"乔园"在其盛时范围甚大,除园林外尚拥携有大住宅,这座大住宅是屡经扩建及逐步兼并形成的。从这里可以看出,明代中叶以后官僚地主向农民剥削加深的具体反映。今日园之四周住宅部分,虽难观当日全貌,然明代厅事尚存四座,其中一座还完整。

园南向,位于住宅中部,三峰园时期有十四景之称:一、皆绿山房,二、绠汲堂,三、数鱼亭,四、囊云洞,五、松吹阁,六、山响草堂,七、二分竹屋,八、因巢亭,九、午韵轩,十、来青阁,十一、莱庆堂,十二、蕉雨轩,十三、文桂舫,十四、石林别径。今虽已不能窥见其全豹,但根据今日的规模,是不难复原的。

园以山响草堂为中心,其前水池如带,山石环抱,正峙三石笋,故又名三峰草堂。山麓西首壁间嵌一湖石,宛如漏窗,殆即《蜇园记》所谓具"绉、透、瘦"者。池上横小环洞桥及石梁,过桥入洞曲,名囊云,曲折蜿蜒山间。主山则系三峰所在,其南原有花神阁,今废。阁前峰间古柏桧一株,正《蜇园记》所谓"瘿疣累累,虬枝盘挐,洵前代物也",实为园中最生色之处,同时亦为泰州古木之尤者。山巅东则为半亭,案旧图记无此建筑,似属后造。西度小飞梁跨幽谷达数鱼亭,今圮,遗址尚存。亭旁原有古松一株,极奇拙,已朽。山响堂之北,通花墙月门,垒黄石为台,循迂回的石磴达正中之绠汲堂,堂四面通敞,左顾松吹阁,右盼因巢亭。今阁与亭名存而实非。绠汲堂翼然临虚,周以花坛丛木,修竹古藤,山石森然,丘壑独存,虽点缀无多,颇曲尽画理,是一园中另辟蹊径的幽境。

"乔园"今存部分,与文献图录相对照,已非全貌。然就现状来看,在造园艺术上尚有足述的地方。

在总体布局上,以山响堂为中心,其前凿池叠山以构成主景。后部辟一小园,别具曲笔,使人于兴尽之余,又入佳境。这两者不论在大小与隐显以及地位高卑上,皆有显著不同的感觉,充分发挥了空间组合上的巧妙手法。至于厅事居北,水池横中,假山对峙,洞曲藏岩,石梁卧波等,用极简单的数事组合成之,不落常套,光景自新,明代园林特征就充分体现在这种地方。此园以东南西北四个风景面构成,墙外楼阁是互为"借景"。游览线以环形为主,山巅与洞曲又形成上下不同的两条游径,并佐以山麓崖道及小桥步石等歧出之,使规则的主线更具变化。

叠山方面,此园在运用湖石与黄石两种不同的石料上,有统一的选择与安排。泰州为不产石之地,因此所得者品类不一,而此园在堆叠上使人无拼凑之感。在池中水面以下用黄石,水面以上用体形较多变化的湖石。在洞中下脚用黄石,其上砌湖石。在石料不足时,则以砖拱隧道代石洞,它与石构者是利用山洞的小院作过渡,一无生硬相接之处。若干处用砖墙挡土,外包湖石,以节省石料。以年份而论,山洞部分皆明代旧物,盖砖拱砌法以及石洞的大块"等分平衡法"(见《园冶》),其构造既有变化又复浑融一片,无斧凿之痕可寻,洵是上乘的作品,可与苏州明代旧园之一的五峰园山洞相颉颃,为今日小型山洞中不可多得的佳例。至于山中砖拱隧道,则尤为罕见。主峰上立三石笋,与古柏虬枝构成此园之主要风景面,一反前人以石笋配竹林的陈例。山下以水池为辅,曲折具不尽之意。以崖道、桥梁与步石等酌量点缀其间,亦能恰到好处。这些在苏北诸园中未见有此佳例。此种叠山艺术的消息,清代仅石涛与戈裕良的作品中尚能见之,并有所提高。

花木的配置以乔木为主,古柏重点突出,辅以高松、梅林。山坳水曲则多植天竹。庭前栽蜡梅、丛桂,厅周荫以修竹、芭蕉,花坛间布置牡丹、芍药,故建筑物的命名遂有皆绿山房、松吹阁、蕉雨轩等。至于其所形成四季景色的变化,亦因此而异。最重要的是此类植物的配合,是符合中国古代画理的,当然在意境上,还是从幽雅清淡上着眼,如芭蕉分绿、疏筠横窗、天竹蜡梅、苍松古柏、交枝成图、相掩生趣,皆古画中的粉本,为当时士大夫所乐于欣赏的。山间以书带草补白,使山石在整体上有统一的色调。这样在若干堆叠较生硬与堆叠不周到处能得以藏拙,全园的气息亦较浑成,视苏南园林略以少量书带草作补白者,风格各殊。此种手法为苏北园林所习用,对今日造园可作借鉴。宋人郭熙说:"山以水为血脉,以草为毛发,以烟云为神彩。"(《林泉高致》)便是这个道理。

总之,"乔园"为今日泰州仅存的完整古典园林,亦是苏北已知的最古老的实例,在中国园林研究中,以地区而论,它有一定的代表性。

附录一:

吴文锡(莲芬)《蛰园记》:

蛰园者,海陵高氏之三峰园也。园起于明太仆陈君应芳。康熙初归田氏,雍正间即为高氏所有。予于咸丰丁巳自川南旋扬城,老屋已为破毁,勉赁泰属樊汉镇之屋暂为栖憩,漱隘嚣尘,小人近市矣。戊午夏,闻有是园,即买舟往视,虽荒落破败,以犹可拾缀者,因以三千六百缗当之,修葺之费加一千五百缗,阅三月告成,居然楚楚。嘉平朔日,率眷属移家焉。其屋西向者为门,南向者为厅事,比者为住屋,北向者亦住屋,再南则为闲房,为厨房,为住屋,比者为套房。再北,南向、北向,胥住房也。由北而东共闲房二十余楹。由厅事东廊转而东,长廊十余间,此达园之径也。廊外植竹,竹外艺蔬。廊尽处入圭窦,北向三楹,东套室一楹,曰蛰斋,斋前后环以竹。由蛰斋而东,南向之楼曰一览忘尘,对墙嵌巨石,绉、透、瘦三字悉备,再东则为三峰草堂。堂面山,湖石假山三面拥抱,高者几可接云。山下为池。循西度石桥而上为梅径,缘径而南为花神阁。阁前古柏一株,瘿疣累累,虬枝盘挐,洵前代物也。柏左右三峰并峙,斑驳陆离,不可名状。循阁而东,越廊楼折而北为疏影亭,盖亭之四面亦皆梅也。沿亭而下稍北则丛桂一方,穿丛桂而西,则牡丹分列。迤北则黄石假山扑面,山巅之屋曰退一步想。屋后桑榆林立,皆非百年以内之物。旁植安石榴、碧桃、棕榈、芭蕉,东高台三层为玩月之所,此园之大略也。余少也贱,且不知治生人产,宦游二十年,因病归来,正值东南苦兵,僻居海东,奚敢以泉石为心性之娱焉?爰觅屋年余,久而弗遂,得是荒园,藏身有所,其更名蛰园者,盖蛰物身之所依。其地甚小,而外之山环水抱无美不备。以为蛰者之所有,可;以非蛰者之所有,亦无不可也。是为记。咸丰己未伏日,清远庵僧自识。

录自董玉书《芜城怀旧录》卷二。
附录二:
周庠(西岑)《三峰园四面景图题记》:

右图之西南。高甍接云者为来青阁,登阁以望之,全胜在焉;其西为来庆堂,前后重檐,主人为高堂称寿,恒张宴于此。南为二分竹屋,碧玉万竿,清风时来。循竹径而北为皆绿山房,又北为蕉雨轩,植牡丹甚多。又西为石林别径。自皆绿山房至此,皆居园之右偏,绘事弗能及,故连类记之。道光五年岁次乙酉夏六月西笭周庠记。

右园之南面。三石笋鼎峙，色浅碧，叩之玲珑有声，高十数尺有差。园始名曰涉，易今名。以此聚石为池，兰馨被渚，水萦如带，池西为囊云洞，洞中有径达数鱼亭之右，其上古桧一株，轮囷蟠薄，大可帱，为园中群木之长，干依石生，渐与石合。人从洞中火而观之，杳不知其托根何所，亦一奇也。

右园之东面。高者为数鱼亭，俯瞰碧流，纤鳞可数，故名。池上跨小石梁，盘石在其左，可坐而钓焉。亭后修廊之后，一榆一杉，对立云表。杉非江北所宜，树此特修耸蓊郁，风声吟啸，如在深山大壑间。亭之右角，叠石为山，山缝一松，高不满数尺，皮皆脱尽，筋骨刻露，毛鬣不多，而苍翠之色四时不变，不知何代物也。

右园之北面。中为山响草堂，翼重栭，四面虚敞，堂后山，山下有泉，甘冽可饮，泉上为绠汲堂。自其左缘梯而上，为松吹阁，阁前为台，布席可坐十数人，去地二十尺有奇，烟消日出，望隔江诸山，缥缈在有无间也。其右槐榆荫涂，梅榴夹植，有亭曰因巢，盖因树为之。

一九七七年十一月

上海的豫园与内园

　　豫园与内园皆在上海旧城区城隍庙的前后,为上海目前保存较为完整的旧园林。上海市文化局与文物管理委员会十分重视这个名园,除加以管理外,并逐步进行了修整,给人口密度最多的地区以很好的绿化环境,作为广大人民游憩的地方,充分发挥了该园的作用。近年来我参与此项工作,遂将所见,介绍于后:

　　一、豫园是明代四川布政使上海人潘允端为侍奉他的父亲明嘉靖间尚书潘恩所筑,取"豫悦老亲"的意思,名为豫园。从明朱厚熜(世宗)嘉靖三十八年(1559)开始兴建,到明朱翊钧(神宗)万历五年(1577)完成,前后花了十八年工夫,占地七十余亩,为当时江南有数的名园(潘宅在园东安仁街梧桐路一带,规模

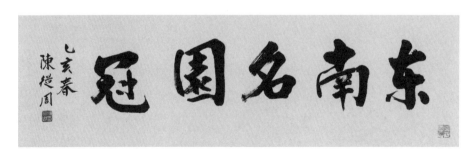

陈从周题豫园

豫园龙墙
豫园以泥塑、砖刻和墙头雕塑最有名。

豫园建筑
豫园建筑物的屋面造型非常精致,富地方色彩。

甲上海,其宅内五老峰之一,今在延安中路旧严宅内)。十七世纪中叶,潘氏后裔衰落,园林渐形荒废。清弘历(高宗)乾隆二十五年(1760),该地人士集资购得是园一部分,重行整理。当时该园前面已在清玄烨(圣祖)四十八年(1709)筑有"内园",二园在位置上所在不同,就以东西园相呼,豫园在西,遂名"西园"了。清道光间,豫园因年久失修,当时地方官曾通令由各同业公所分管,作为议事之所,计二十一个行业各处一区,自行修葺。旻宁(宣宗)道光二十二年(1842)鸦片战争时,英兵侵入上海,盘踞城隍庙五日,园林遭受破坏。其后奕詝(文宗)咸丰十年(1860),清政府勾结帝国主义镇压太平天国革命,英法军队又侵入城隍庙,造成更大的破坏。清末园西一带又辟为市肆,园之本身益形缩小,如今附近几条马路如凝晖路、船舫路、九狮亭等,皆因旧时凝晖阁、船舫厅、九狮亭而得名的。

豫园今虽已被分隔,然所存整体,尚能追溯其大部分。上海市的新规划,将来是要将它合并起来的。今日所见豫园是当年东北隅的一部分,其布局以大假山为主,其下凿池构亭,桥分高下。隔水建阁,贯以花廊,而支流弯转,折入东部,复绕以山石水阁,因此山水皆有聚有散,主次分明,循地形而安排,犹是明代造园的一些好方法。

萃秀堂是大假山区的主要建筑物,位于山的东麓,系面山而筑。山积土累黄石而成,出叠山家张南阳之手,为江南现存最大黄石山。山路泉流纡曲,有引人入胜之感。自萃秀堂绕花廊,入山路,有明祝枝山所书"溪山清赏"的石刻,可见其地境界之美。达巅有平台,坐此四望,全园景物坐拥而得。其旁有小亭,旧时浦江片帆呈现槛前,故名望江亭。山麓临池又建一亭,倒影可鉴。隔池为"仰山堂",系二层楼阁,外观形制颇多变化,横卧波面,倒影清晰。水自此分流,西北入山间,谷有瀑注池中。向东过水榭绕万花楼下,虽狭长清流,然其上隔以花墙,水复自月门中穿过,望去觉深远不知其终。两旁古树秀石,阴翳蔽日,意境幽极。银杏及广玉兰扶疏接叶,银杏大可合抱,似为明代旧物。大假山以雄伟见长,水池以开朗取胜,而此小流又以深静颉颃前二者了。在设计时尤为可取的,是利用清流与复廊二者的联系,而以水榭作为过渡,砖框漏窗的分隔与透视,顿使空间扩大,层次加多,不因地小而无可安排。

小溪东向至点春堂前又渐广(原在点春堂前西南角建有洋楼,一九五八年拆

以墙分隔的豫园复廊

除,重行布置)。"凤舞鸾鸣"为三面临水之阁,与堂相对。其前则为和煦堂,东面依墙,奇峰突兀,池水潆回,有泉瀑如注。山巅为快阁,据此东部尽头西眺,大假山又移置槛前了。山下绕以花墙,墙内筑静宜轩。坐轩中,漏窗之外的景物隐约可见,而自外内望又似隔院楼台,莫穷其尽。点春堂弯沿曲廊,可导至情话室,其旁为井亭与学圃。学圃亦踞山而筑,山下有洞可通。点春堂,在清奕詝(文宗)咸丰三年(1853)上海人民起义时,小刀会领袖刘丽川等解放上海县城达十七个月,即于此设立指挥所,因此也是人民革命的重要遗迹。

二、内园原称"东园",建于清玄烨(圣祖)康熙四十八年(1709)。占地仅二亩，而亭台花木，池沼水石，颇为修整，在江南小型园林中，还是保存较好的。晴雪堂为该园主要建筑物，面对假山，山后及左右环以层楼，为此园之主要特色，有延清楼、观涛楼等。耸翠亭出小山之上，其下绕以龙墙与疏筠奇石。出小门为九狮池，一泓澄碧，倒影亭台，坐池边游廊，望修竹游鱼，环境幽绝。此池面积至小，但水自龙墙下洞曲流出，仍无局促之感。从池旁曲廊折回晴雪堂。观涛楼原可眺黄浦江烟波，因此而定名，今则为市肆诸屋所蔽，故仅存其名了。

　　清代造园，难免在小范围中贪多，亭台楼阁，妄加拼凑，致缺少自然之感，布局似欠开朗。内园显然受此影响，与豫园之大刀阔斧的手笔，自有轩轾。然此园如九狮池附近一部分，尚曲折有致，晴雪堂前空间较广，不失为好的设计。

　　总之，二园在布局上有所差异，但局部地方如假山的堆砌，建筑物的零乱无计划，以及庸俗的增修，都是清末叶各行业擅自修理所造成的后果。今后在修复工作中，还是要留心旧日规模，去芜存菁，复原旧观才是。

　　其他如大荷池、九曲桥、得月楼、环龙桥、玉玲珑湖石、九狮亭遗址等，均属豫园所有，今皆在市肆之中，故不述及。（作者按：在一九五八年的兴修中，玉玲珑湖石及九狮亭、得月楼等皆复原，并在中部开凿了大池——此为作者补按，编辑注。）

一九五七年

嘉定秋霞圃和海宁安澜园

秋霞圃

　　江南一带是明、清私家园林最集中的地方。自明嘉靖以后,士大夫阶级生活日趋豪华,往往自建园林,寄情享乐,嘉定秋霞圃即建于此时。

　　秋霞圃在上海市嘉定城内城隍庙,创建于明嘉靖年间,到万历、天启时,又加以扩充修建。据同治《嘉定县志》卷三十所载,系当时尚书龚宏的住宅,因又称"龚氏园"。园中有数雨斋、三隐堂、松风岭、寒香室、百五台、岁寒径、洒雪廊等。到明末龚姓衰败了,由龚宏的曾孙龚敏行出售给安徽盐商汪姓,后又一度归还龚姓。清雍正四年(1726)又辗转由汪姓售与邑庙,后改称城隍庙后园,作了官僚地主酬神宴客及清谈娱乐的所在。从清初到中叶,中国园林已发达到了高峰,正如《扬州画舫录》所载的扬州地方,除奢侈华丽的盐商别墅外,连寺庙、书院、餐馆、歌楼、浴室等,都开池筑山,栽植花木,如青浦邑庙曲水园,上海邑庙豫园、内园,常熟城隍庙后园等。秋霞圃也就是在这时变为城隍庙后园的,可见当时的风尚了。

　　秋霞圃自作城隍庙后园后,住宅部分就改建为城隍庙。据张大复《梅花草堂笔谈》所说,"其后人(指汪姓)贫乃拆此宅"可知。这园的总平面为长方形,中间为一狭长水池。池北主要建筑为四面厅,名"山光潭影"。厅西有黄石假山一座,所叠石壁绝佳。山上筑亭名"即山",登亭可俯瞰全园,远眺城乡。北部墙外原有环水,今已涸。假山下有洞名"归云"。山后北麓筑一轩名"延绿",与四面厅相接连。隔水为大假山,积土缀湖石而成。曲岸断续,水口湾环,泉流仿佛出自山中,复汇于池内,又溢出于园外。临水断岸处则架以平桥,人临其上,宛如凌波,与对岸黄石假山临水手法,有异曲同工之妙。不过南岸以玲珑取胜,北岸则以浑成见长。因园外无景可借,故南北皆叠山,上植落叶乔木,疏密有致,身临其境,顿觉园林幽邃,不知尽端所在。这种山巅多植落叶乔木手法,在园林实例中很多,如苏州的沧浪亭、留园等都是如此,不但气象开朗,而且景物变化亦大,春夏时浓郁,秋冬时萧疏,给人以不同季节的感觉。较之惯用常绿树的园林,风格有所不同。北岸临水有扑水亭,又名宜六亭,横卧波上,仰望山石嶙峋,又一园的胜处。西部尽端有一组建筑物,面水为"丛桂轩",其南为池上草堂。轩西南各有一小院,内置湖石、芭蕉、修竹等,是轩外极好留虚的地方。折东为旱船,名舟而不游轩,亦紧倚池旁。池东有堂名屏山堂,与丛桂轩互为对景。其前有三曲桥,曲折可通南部假山。堂左右缀以花墙,凝霞阁踞东墙外,登阁上则全园风景即在眼底。阁前月门内有枕琴石及亭。该处地面较低,似自成一区,远望仿佛为池,即所谓"旱园水做"的假象办法。

这园从整个来说,池面北部为四面厅及扑水亭等建筑衬托在北山之下,似以建筑为主,而南部则以大假山为主,以旱船为辅。用华丽与天然相对比,对比中又有变化。池水因园小,故用聚的方法,位于园西部中央,看上去仿佛是一园的中心,但复用曲岸石矶等形成聚中有分。为了不使水面分隔过小,桥皆设于池的四周;用环形交通线,系与园林用曲廊与曲径环绕同一办法。根据地形与水面的距离等情况,直中有曲、曲中有直,使两侧的风景面,在顾盼时略作转动变化。南北两岸是以山石和建筑物互为对景。从山石看来,以南面前后二座为主,而山坳中高林下的曲径,却是一个大手笔,这在江南私家园林中还不多见。北部则以建筑物为主,却用较小的黄石假山为辅。以建筑而论,应以北岸为主,以其体积及数量皆过于南部。池东西两侧,用小型建筑物互为呼应,而东部花墙外的凝霞阁又与西部互为借景。就苏南诸园而论,其设计手法仍属上选。江南私家园林在设计时,与假山隔水的建筑物,往往距山石不远。因为假山不高,其后复为高墙而无景可借,所以在较近的距离之下,仅见山的片断,即是深谷石矶、峰峦古木,亦皆成横披小卷;如墙外有景可借,则在平冈曲岸衬托之下,便是直幅长轴。此观苏州诸园与无锡、常熟诸园,便可分晓。前者墙外无景,后者有惠山与虞山可借。秋霞圃的水面狭长,使扑水亭较近南部假山,丛桂轩与旱船更近北部假山,延绿轩则又隐于山后,就是应用前者手法。叠山以时期而论,北部黄石假山结构浑成,石壁山洞的结构、山径的安排及亭的设置,略低于山巅平台等处理,皆为明代假山惯用手法,与上海豫园的手法相类似,应为明代嘉靖间原构,时间可能仿佛于豫园。而南部的湖石露土假山,屡经修建,已损坏甚多。该园原来还有很多建筑,见于记载的有:籁隐山房、环翠轩、闲研斋、蘋藻香室、枕流漱石轩、碧光亭、畅堂、临清室、大门等,今或不存,或已改建。东部花墙外,尚余立峰及花木,房屋则已改建校舍。西部则为园的主要部分,今假山、树木尚完整。

安澜园

一九六〇年二月,我与浙江省文物管理委员会朱家济同志赴浙江海宁盐官镇(旧海宁城)调查了安澜园遗址及陈宅建筑。返沪后,承陈赓虞先生出示其珍藏的《安澜园图》。按图与遗址相校勘,再征之文献,当时情况尚能仿佛。

安澜园为明、清两代江南名园之一。清弘历(乾隆)南巡六次,除第一次(乾隆十六年,1751)、第二次(乾隆二十二年,1757)两次未到海宁外,曾四次"驻跸"此园(乾隆二十七年,1762、乾隆三十年,1765、乾隆四十五年,1780、乾隆四十九年,1784)。乾隆二十七年第三次南巡后,并将安澜园景物仿造到北京圆明园中的"四宜书屋"前后,于乾隆二十九年(1764)建成,亦名其景为安澜园[①]。如今二园俱废。

安澜园原系南宋安化郡王王沆故园(见《海昌胜迹志》),明万历间,陈元龙的曾伯祖与郊(官太常寺少卿)就其废址开始建造。因园在海宁城的西北隅,以西北两面城墙为园界(园门地点今称北小桥),而陈与郊又号隅阳,所以用"隅园"命

---

① 见《日下旧闻考》卷八十二及清高宗御制《安澜园记》。——作者原注。

名,当地人则呼为"陈园"。"隅园"时期仅占地三十亩。从明代王穉登《题西郊别墅诗》"小圃临湍结薜萝"及"只让温公五亩多"之句来看,足征此园并不大。到明末崇祯间葛徵奇《晚眺隅园诗》"大小涧壑鸣"、"百道源相通",陆嘉淑《隅园诗》"百顷涵清池"与"池阳台外水连天"等句来看,园之水面渐广,景物又胜于前了。到清初略受损坏(见徐灿《拙政园诗余集》[徐为陈之遴妻]),雍正时已到"岁久荒废"的地步(从周按:玄烨[康熙]"南巡"时未至海宁)。雍正十一年(1733),陈元龙八十二岁以大学士乞休归里,就"隅园"故址扩建,占地增至六十余亩,更名"遂初",胤祯(雍正)赐书堂额"林泉耆硕"四字。从陈元龙的《遂初园诗序》来看,"园无雕绘,无粉饰,无名花奇石,而池水竹石",以"幽雅古朴"见称,则还是保存了明代园林的特色。陈元龙活到八十五岁殁于乾隆元年(1736),殁后其子邦直(官翰林院编修)园居近三十年(乾隆四十二年,1777年,八十三岁去世),在乾隆二十七年第三次南巡时,"复增饰池台",虽较遂初园时代华丽一些,不过尚是"以朴素当上意"的[1]。从乾隆二十七年到四十九年的二十二年中,园主为了讨好封建帝王与借此增加个人的享受,陆续添建,扩地至百亩,楼台亭榭增至三十余所。而园名则于乾隆第三次南巡时赐名"安澜园"[2],因地近海塘,取"愿其澜之安"的意思[3]。因为封建帝王四次"驻跸"其间,复经陈氏的踵事增华,遂成为当时江南名园。沈三白《浮生六记》卷四谓:"游陈氏安澜园,地占百亩,重楼复阁,夹道回廊,池甚广,桥作六曲形,石满藤萝,凿痕全掩,古木千章,皆有参天之势,鸟啼花落,如入深山,此人工而归于天然者。余所历平地之假石园亭,此为第一。曾于桂花楼中张宴,诸味尽为花气所夺。"这是乾隆四十九年八月所记,正是弘历第六次南巡、第四次到安澜园之后,即该园全盛时期。沈三白对园林欣赏有一定的见解,他对当时苏州名园之一的狮子林假山,还认为没有山林气势,而对这园的评价有如此之高,可以想见其造园艺术的匠心了。陈璂卿于嘉庆末作《安澜园记》,描绘

---

① 见陈璂卿《安澜园记》。——作者原注。

② 见《南巡盛典》卷一百五。乾隆二十七年高宗御制《驻跸陈氏安澜园即事杂咏》六首。——作者原注。

③ 见清高宗御制《安澜园记》。又乾隆二十七年高宗御制《驻跸陈氏安澜园即事杂咏》六首:"安澜祝同郡。"——作者原注。

得相当细致[1]，是该园全盛时期结束开始衰落时的记录。到道光间，园渐衰废，陈其元《庸闲斋笔记》卷一："道光（八年）戊子（1828），余年十七，应戊子乡试，顺道经海宁观潮，并游庙宫及吾家安澜园，时久不南巡，只十二楼新葺（从周案：十二楼为私家园林中仅见之例，钟大源《安澜园十六咏》有'一月一登楼，阑干闲倚遍'句）。此外，台榭颇多倾圮，而树石苍秀奇古，池荷万柄，香气盈溢。梅花大者天矫轮囷，参天蔽日，高宗皇帝诗所谓'园以梅称绝'者是也。厅中设御座……"管庭芬道光间《过陈氏安澜园感怀诗》有句云："残碣依然题薜字，闲阶到处长苔钱。""垣墙缺处补荆榛，竟有蒭荛雉兔入。""回廊渐长野蔷薇，瓦压文窗草没扉。""尘凝粉壁留诗迹，风接朱櫺任鸽飞。"该园已成"儿童不知游客恨，放鸽驱羊闹水涯"了。咸丰七八年间（1857～1858）被毁，旋为其子孙拆卖尽[2]。同治间，陈其元重至该园时，据他所写的《庸闲斋笔记》卷一："同治（十二年）癸酉（1873）重游是（安澜）园，已四十六载矣。……尺木不存，梅亦根株俱尽，蔓草荒烟，一望无际，有黍离之感。断壁间犹见袁简斋先生所题诗一绝云……以后则墙亦倾颓不能辨识矣。"这时的安澜园几乎全废了。据冯柳堂著《乾隆与海宁陈阁老》一书所载，及前辈郑晓沧教授所云：在清末该园一隅建达材高等小学，校舍原有盘根老树皆不存。校舍以外，丘陵起伏，桥池犹存，残垣有时剥去白垩，赫然犹是黄墙。民初园址辟为农场，尽成桑田。石之佳者又为邻园吴姓小园（吴芷香建）移去。今日我们只能见到部分土阜与零星黄石而已。水面亦被填塞一部分。六曲桥尚存，低平古朴，宛转自如，确是明代的遗物。至于弘历"御碑"已折断，易地置于断垣中。"筠香馆"一额亦系弘历"御笔"，边框制作成竹节状，甚精，现移悬于陈宅中。

《安澜园图》今传世的有乾隆三十六年（1771）所刊《南巡盛典》中的《安澜园图》。陈氏后裔陈赓虞先生所藏《陈园图》及钱镜塘先生藏《海宁陈园图》[3]，据朱启钤师及单士元先生说，闻故宫尚有藏本。清末海宁朱克勤先生曾有另一《安澜

---

① 见《海昌胜迹志》。——作者原注。

② 见管庭芬跋陈瑾卿《安澜园记》。——作者原注。

③ 钱氏所藏《海宁陈园图》与陈赓虞先生所藏之图系同出一稿，钱图似晚出。

园图》,不知是否即钱镜塘先生的一本(一说为直幅)? 钱本今藏浙江博物馆,与《陈园图》相似。如今根据遗址并陈元龙《遂初园诗序》、陈瑊卿《安澜园记》,与两图相勘校,皆能符合。《南巡盛典》所载《安澜园图》与陈元龙《遂初园诗序》中所记吻合,则是该园早期景状,还存遂初园时期的样子。其后经过乾隆三次"驻跸"其间,陈氏屡承"宠锡",于是园林更修筑得讲究与豪华了。尤其乾隆四十九年(1784)弘历第六次南巡(第四次到安澜园),还带了他的十五子颙琰(嘉庆)、十一子永理及十七子永璘同到海宁,在《陈园图》中可以看到有太子宫的一组建筑,大约为当时皇子居住之处,其他更有"军机处"的一组行政性建筑,都是这图中突出的地方。再从绘画笔调与原装用绫来看,亦属嘉庆间物,图中景物又复与陈瑊卿所记相符,则《陈园图》之作是安澜园全盛时期后的写本,为今日研究安澜园的最具体与完整的资料了。至于乾隆的四次到安澜园,每次皆有叠韵的即事诗六首,遍刻于"御碑"四面,亦涉及一些园中景物。此园借景其南的安国寺,寺旧有罗汉堂,康熙六年(1667)海宁人张行极建,造像亦精,弘历于乾隆三十九年(1774)曾仿造于承德外八庙。

陈氏在海宁城内的建筑,除安澜园与瓦石堰下老宅(陈元龙爱日堂)外,尚有其侄陈邦彦的春辉堂新宅等十处。今仅爱日堂尚存门厅一,及东路双清草堂与其后小厅三处。双清草堂为花厅,面阔三间,用四个大翻轩构成,在江浙是第一次见到;为当年陈元龙退居之处,额出陈奕禧手。厅后以廊与小厅三间相贯,今筠香馆额所在处,其间置湖石一区,颇楚楚有致。双清草堂西,今尚有罗汉松一株,大可合抱,似为明以前物。此宅临河,大门北向,居住部分皆倒置易为南向。门前尚留巨大旗杆,则为隔河康熙时杨雍建宅物。

一九六三年

《文物》1963 年第 2 期

此园浙中数第一

——记海盐绮园

　　一别绮园已是二十三年，很想再去望望这位"故人"，因为经过十年"浩劫"，不知还健在否？去冬经过海盐，晓得它无恙，那天是阴雨，所以没有停车。最近特地去见它，真是惊喜交并，园尚在而宅将全亡，听说是迎新（住宅）弃旧（建筑），将大木材化为家具，美其名曰分废料而落入"民家"。将一座很完整，而艺术水平亦很高的宅园，弄得不成整体了。但是维纳斯雕像虽残了手，终是一具千古不朽的作品。

　　吴兴嘉兴二地南宋以后多园林，吴兴今以南浔为鲁殿灵光，嘉兴则此海盐绮园硕果仅存了。但是我们从已存极少量的浙江园林来说，绮园可说唯我独尊，"浙中第一"。

　　绮园在海盐城内，清同治十年（1871）冯缵斋以其外家王氏（王蟠靖婿）旧园重修，园实为明代所遗。在住宅的东北，宅额三乐堂，厅楼高敞，结构极精。园自西侧门入口，中建花厅，前架曲桥，隔池筑假山，水绕厅东流向北，布局与苏州拙政园极似，水穿洞至后部大池。其游径是由山洞、岸道、飞梁以及低于地面的隧道等组成，构成复杂的迷境，为江南园林所仅见。厅后以小山作屏，有峰名"美人照镜"殊硕秀。山后大池亘以东西向与南北向二堤，后者贯以虹桥，桥东筑扇面亭，园之东北隅，障以大山，达山巅有亭翼然，登亭全园在望，下瞰近处深谷，谷下蓄水潭,复小桥,涓涓清流,是该园一大妙笔处。池西北有水阁,横卧波面,与对岸虹桥相呼应。池水荡漾,古树垂荫,是一幅湿润江南小景,支流婉转,绕山成景,因此我初到此,便得"水随山转,山因水活"的叠山理水园论。西北山高,前后皆有景,故多余韵。其所以能颉颃苏扬二地园林者,山水实兼两者之长。故变化多气魄大,但又无苏州之纤巧,扬州之生硬,此亦浙中气候物质之天赋,文化艺术之能兼收所致。但三地园林相互影响,孰前孰后,在此园中颇堪寻味,实为研究造园学与园林史之重要实例。

如今这园的管理,很不够重视与理想,堂轩皆未开放,任其扃闭,动物进园,咆哮怒目。环园皆高层建筑,放眼无从。看来地方上对它太不够认识,我说绮园是海盐的眼睛,亦是浙江的明珠,望勿等闲视之。

一九八三年四月

恭王府与大观园

今年是《红楼梦》作者曹雪芹二百周年逝世纪念。记得前年冬天，与王昆仑、何其芳诸同志在北京调查什刹海附近恭王府的情形，其间景物，至今犹历历在目。

谈到恭王府的建筑，在北京现存诸王府中，布置最精，且有大花园，从建筑的规模来谈，一向有传说它是大观园。恭王府的布局，与一般王府没有什么大的不同，不过内部装修特精，为北京旧建筑中所少见的，如锡晋斋(有疑为贾母所居之处)，便可与故宫相颉颃了。花园中的蝠厅，平面如蝙蝠，故称"蝠厅"。居此厅中，自朝至暮皆有日照，可称是别具一格的园林厅事，而大戏厅则为可贵的戏剧史上的重要实例①。恭王府的建筑共三路，可分为前后二部，前为王府部分，大厅已毁，二厅即正房所在，其西有一组建筑群，最后的一进，便是悬"天香庭院"的

---

① 俞同奎《伟大祖国的首都》"恭王府花园"条："花园在恭王府后身，府系清乾隆时和珅之子丰绅殷德娶和孝固伦公主赐第。一七九九年(清嘉庆四年)和珅籍没，另给庆禧亲王为府第。约一八五一年(清咸丰间)改给恭亲王，并在府后添建花园。园中亭台楼阁，回廊曲榭，占地很广，布置也很有丘壑，私人园圃，尚不多见。"足证恭王府花园之建造年代。但据余实地勘查，府在乾隆前早有建筑，恭王府时所建园，当为今存云片石所叠假山与若干亭廊轩之属，未可一言概之，皆为后期所建。——作者原注。

恭王府萃锦园垂花门

金碧彩绘的恭王府萃锦园小亭

垂花门,由此进入锡晋斋。这是王府的精华所在,院宇宏大,廊庑周接。斋为大厅事,其内用装修分隔,洞房曲户,回环四合,确是一副大排场。再后为约一百六十米的长楼及库房,其置楼梯处,堆以木假山,则又是仅见之例。其后为花园的正中,是最饶山水之趣的地方。其东有一院,以短垣作围,翠竹丛生,而廊回室静,帘隐几净,多雅淡之趣。院北为戏厅。最后亘于北墙下,以山作屏者即"蝠厅"。西部有榆关、翠云岭、湖心亭诸胜。这些华堂丽屋,古树池石,都使我们游者勾起了红楼旧梦。有人认为恭王府是大观园的蓝本,在无确实考证前,没法下结论。目前大家的意见,还倾向说"大观园"是一个南北名园的综合,除恭王府外,曹氏描绘景色时,对于苏州、扬州、南京等处的园林,有所借镜与掺入的地方,成为"艺术的概括"。苏州的一些园林,曹氏自幼即耳濡目染。扬州是雪芹祖父曹寅官两淮盐运使的地方,今日大门尚存,从结构来看,还是乾隆时旧物。南京呢? 曹氏世代为江宁织造,有人考证说大观园即隋园,亦似有其据。另外旧江宁织造署内尚悬有红楼一角的匾,或者也与《红楼梦》有些关系。

北京本多私家园林,以曹氏之显宦,曹雪芹不是见不到的。当时大学士明珠

恭王府萃锦园诗画舫
北京恭王府是中国现存最完整的一所王府花园,建筑风格凝重华丽,是北方古典园林中的佳作。

(纳兰性德之父)府第,在什刹海附近,亦是名园之一。曹家与纳兰家有往还,是应该没有问题的。叶恭绰先生跋张纯修(见阳)《楝亭(曹寅)夜话图咏》(纳兰性德殁后,曹寅与施世纶及张纯修话性德旧事):"《红楼梦》一书,世颇传为记纳兰家事,又有谓曹氏自述者,此时顿令两家发生联系,亦言红学者所宜知也。"图中楝亭自题诗云:"家家争唱饮水词,那拉心事几人知。布袍廓落任安在,说向名场此一时。"又云:"而今触绪伤怀抱。"(与集裁句有出入)又纳兰性德"随驾南巡",寓曹氏家衙。雪芹为《红楼梦》,虽自叙家世,亦必借材纳兰。如纳兰为侍卫,宝房中有弓矢;在纳兰词中,宝钗、红楼、怡红诸字屡见。又有和湘真词,似即红楼之潇湘妃子。那么雪芹在描写大观园景物时,对当时明珠府第安有不见之理,而不笔之于文的呢?今日有人建议以恭王府为曹雪芹纪念馆,用来纪念这一位历史上的大文学家,如能实现,也算得一件令人欣慰的事。(参看拙作《恭王府小记》,载《红楼梦学刊》第二辑)

一九六三年十一月

怡园图

浙江博物馆藏清焦秉贞画《怡园图》绢本巨幅①,为清初北京园林之珍贵资料,究园史者亟宜重视之。

---

① 《怡园图》绢本设色高 94.5 厘米、横 161 厘米。幅上附诗档纸本,高 57.6 厘米、横 161 厘米。画题款为"济宁焦秉贞敬绘"。诗档黄元治题辞《怡园图诗》有叙:"怡园主人惟好静,温厚敦诚,不苟言笑,不妄通宾客,日惟览古博物,游心太始,凡经、史、鼎、彝、琴、尊、翰、墨,无不环列杂陈,遂使签轴浮馨,金石流韵,已复耽情山水,寄意禽鱼,叠石凿池,莳花种竹,随地之高低广狭,布亭台、构楼阁,或冠云林之上,或托松石之间,层梯纡磴,步步幽回,游者入其中,如历武夷九曲,而不能尽其奇,当春花烂漫,夏荫绸缪,壑震秋涛,严冬雪时,则焚香展帙,坐石挥弦,莺送好音,鹤舒啸舞,游鱼出没,明月依人,觉天地与胸次相为浩浩,无所凝滞,斯诚怡然有以自得,而不能举似以语人也。元治昔忝末属,得许临观,幸遇东平河间之贤,宜献邹阳枚乘之赋,顾乃抽毫乏思,授简怀惭,披对景光,负兹佳胜,然丹青之士既图之矣,治又安可以无纪也哉!爰叙幽赏,缀以鄙言,引绪发端,仅写万一,而扬风推雅,即以俟之君子云。高天风撼碧林重,不尽长松尽似冬。听久忽凝船里坐,沧江万里吼蛟龙。(听涛轩)盘屈孤松化作虬,苍髯翠爪近池头。有时吞吐银潢水,洒落林端雨一楼。(翠虬坞)窗衔虚白启清晨,坐对朝暾漱玉津。欲问千年颜可驻,丹霞片片日熏人。(饮霞阁)曲曲红桥水一湾,左连虚阁右连山。山南台榭参差路,人到层霄紫翠间。(引胜桥)春泉随地喷清池,正是桃花满放时。落涧红英流出洞,游鱼吞影弄涟漪。(桃花石间)孤峰秀出斗南尊,翼翼虚亭倚石根。曾记泰山山下路,云亭高仰一天门。(仰亭)西山移得一峰青,特为楼南作翠屏。拔地已知盘石固,倚天气骨复空灵。(南屏)山根奥涧似螺旋,石乳累累玉倒悬。风雨不来云自吐,顶开一隙漏青天。(嘘云洞)临流怪石宛苍鹰,思濯天

怡园为清康熙间大学士宛平王熙之园,其父王崇简官礼部尚书,著《青箱堂集》。园为清初北京名园,文人题咏之盛①,见于各家集中,《藤阴杂记》所谓"宾朋觞咏之盛,诸名家诗几充栋"可证。而张灯②一事,则更为谈赏园者所乐道,至

池奋羽腾。不为人间轻搏击,崇冈立处自威楼。(鹰岛)引来泉脉地中鸣,沸涌亭心作雨声。溜壑穿崖千尺雪,又疑趵突一渠清。(响泉亭)石壁藤萝绿四围,檐端高挂苑成帏。最宜炎夏连垂柳,褰取西窗障夕晖。(褰萝阁)春水天河注一洼,曲如半璧净无瑕。紫紫荇藻青沈底,放出金鳞吸日华。(碧璜沼)满地新水木兰桡,极似青凫泛海潮。借作仙槎浮汉去,不愁无路上青霄。(凫舟)绿水斜通沼北隅,便乘春雨种芙蕖。秋来结子房房满,更助杯香是露珠。(藕塘)凭高处处旷观瞻,迢递林峦暮卷帘。山底瑶池池底月,金波荡漾晃楼檐。(月波楼)一堂画史古香多,绕座山光影碧波。岂但华林濠濮想,真如沧海浩包罗。(涵碧堂)商飙初起叶初乾,山挂林梢挂颊看。西爽朝来秋色霁,一山丛桂露溥溥。(致爽轩)黄鸟嘤嘤春出溪,偏能选树与天齐。繁红密绿寻常事,惟遇知音不住啼。(莺林)飞来海鹤本凌云,岁岁将雏自一群。不向时人夸妙舞,清音惟许上天闻。(鹤圃)上下楼台敞碧虚,中藏彝鼎见皇初。焚香每日勤清课,一曲瑶琴一卷书。(古获斋)最高楼出碧烟岚,尺五云霄白日南。延得清晖天影阔,半边星斗一窗函。(丽晖楼)平台空阔草全荑,半种青松半种杉。月到中天留不去,王笙吹向翠微岩。(松月台)云敛烟沉叠嶂开,披襟坐对兴悠哉。分明南岳当楼起,七十峰峦拥翠来。(叠翠楼)千章木蔽远山岭,亭比林高更一寻。坐辨树经霜雪后,青青独许岁寒心。(木末亭)太湖移到石玲珑,嶰谷分来竹一丛。碧玉裁为丹凤管,临风吹入舜琴中。(竹山与)独爱园中夏日长,林林古树罩西廊。秋阴结作重云色,不待秋风榻已凉。(凉云馆)时康熙三十有七年岁次戊寅春正月望后十日书于怡园之南轩,新安黄元治。"康熙三十七年为1698年。元治字涵斋。引首章为"桃源书屋"。

① 朱彝尊《曝书亭集》卷十:"王尚书招同陆元辅、邓汉仪、毛奇龄、陈维崧、周之道、李良年、诸征士宴集怡园,周览亭阁之胜率赋六首:'北斗依城近,南陔选地偏。彩衣逢暇日,珠履托群贤。山拥墙初亚,林疏径屡穿。身随沙际鹤,饮啄到平泉。''石自吴人垒,梯悬汉栈牢。白榆星历历,苍藓路高高。宛得栖林趣,浑忘步屧劳。下山无定所,随意各分曹。''涧白泉初徙,篱金菊已枯。夕曛含略彴,乱石点樗蒲。密坐千人许,迷途八阵俱。不因爨烟细,何处觅行厨。''风磴双亭外,疏藤蔓十寻。龙蛇寒自蛰,鸟雀暮长吟。待结千花坠,应同万柳深。隔林催未起,独坐想浓阴。''屡满西南户,堂临上下洄。落成凡几日,胜引喜先陪。监史新图格,壶觞旧酸醅。谢公能睹墅,会见捷书来。''小阁檐端起,虚窗树杪凭。勿惊黄屋近,更绕翠微层。九日今年悔,诸公逸兴能。尚书期可再,雪后转须登。'"在当时诸作中以此最为传诵。

② 王崇简《青箱堂集·正月十六夜儿熙张灯怡园待饮诗》:"闲园暮霭映帘栊,秉烛游览与众同。月上空明穿径白,烛悬高下满林红。承欢春酒烟霞窟,逐队银花鼓吹中。共羡风光今岁好,升平惟愿祝年丰。"

乾隆间袁枚尚有诗及之①。

园在北京宣武门外米市胡同,跨连烂面诸胡同,极宏敞富丽(见《水曹清暇录》)。《宸垣识略》谓七间楼在东横街南半截胡同口,即怡园也,康熙中大学士王熙别业,相传为严分宜(嵩)别墅。又曰:青箱堂在米市胡同关帝庙北,其园址可考者若此。怡园盛况,详见诗文。至康熙末期,已非全盛(见查查浦及汤西厓诗)。至乾隆戊午三年(1738),园已毁废数年。此后房屋拆卖殆尽,尚存奇石老树,其席宠堂"曲江风度"赐匾委之荒榛中,今空地悉盖官房(见汪文端《感宛平酒器诗注》)。其东米市胡同者,已归胡云坡少寇季堂,开地重建(见《水曹清暇录》)。

《怡园图》所示"怡园"景物,其主要建筑临水筑二楼,皆三间,正中者其后又有院落,主楼殆即所谓七间楼耶?楼以复廊周接,皆二层交通。池南有榭、亭。曲桥近两岸,不分割水面,水聚而广。其布局犹沿明园格局,此区以楼突出也。西部二跨院俱平屋。假山分峰用石。园多松柳,苍劲与婀娜相映成趣,极刚柔对比之变。其旁为大学士冯溥万柳堂,故园以多柳出之。张然曾为冯作《万柳堂图》,并构其园。

怡园是康熙间名叠山家张然的作品。王士禎《居易录》:"怡园水石之妙,有若天然,华亭(松江)张然所造。然字陶庵,其父号南垣(张涟),以意创为假山,以营丘、北苑、大痴、黄鹤画法为之,峰壑湁瀄,曲折平远,经营惨淡,巧夺画工。"《茶余客话》:"华亭张涟能以意叠石为假山,子然继之,游京师,如瀛台、玉泉、畅春苑,皆其所布置。王宛平怡园,亦然所作。"同时王崇简《青箱堂集》中,亦明言为张然所为。陆燕喆《张陶庵传》:"陶庵,云间(松江)人,寓楹李(嘉兴)。其先南垣先生,擅一技,取山而假之。其假者遍大江南北,有名公卿间,人见之不问而知张氏之山也。"但是父子二人在技术上互相颉颃,实难分上下。"往年南垣先生偕陶庵为山于席氏之东园(席本祯东园),南垣治其高而大者,陶庵治其卑而小者。

---

① 袁枚《小仓山房诗集》卷十五《随园张灯词》:"'谁倚银屏坐首筵,三朝白发老神仙。(熊涤斋太史)道看羊侃金花烛,此景依稀六十年。'(太史云年十五时,举京兆;宴宛平相公怡园见张灯相似,今重赴鹿鸣矣。)"

其高而大者,若公孙大娘之舞剑也,若老杜之诗,磅礴浏漓,而拔起千寻也;其卑而小者,若王摩诘之辋川,若裴晋公之舞桥庄,若韩平原之竹篱茅舍也。其高者与卑者,大者与小者,或面或背,或行或止,或飞或舞,若天台、峨嵋,山阴、武夷。余虽不知其处,而心识其所以然也。"(《张陶庵传》)以平淡胜高峻,以卑小衬宏大,张然之技既烘托乃父之作,且自出蹊径,宜其有跨灶之才。

张涟去世后,张然一度以其术独鸣于东山(洞庭东山)。"其所假有延陵之石,有高阳之石,有安定之石。延陵之石秀以奇,高阳之石朴以雅,安定之石苍以幽,折以肆。陶庵所假不止此,虽一弓之庐,一拳之龛,人人欲得陶庵而山之。居山中者,几忘东山之为山,而吾山之非山也。"(《张陶庵传》)案延陵为吴时雅依绿园,高阳为许氏园,至清中叶改为副将署,安定为席本桢东园。皆清初东山名园,其所叠山可以乱真,技有至于此。怡园为城市园,与东山之山林园有别。且东山诸园有佳太湖石可致,怡园则以京郊土太湖叠之,而黄石量少,所叠者唯偏院一区,但两处各自成峰,别具丘壑,互不干扰,皆能体现出石之性能。而最重一端即于拼镶纹理之道,技至乎神,难分真假。斯理言之极简,奈行之又极难,甚至叠石终身始明其理者颇有之。张氏后人虽继其业,号称山子张,然已邈难得其先人之术。抑祖宗虽圣,无补子孙之童昏耶?

图作者焦秉贞,山东济宁人。为钦天监五官正,工西洋画法,绘人物,作耕织田家风景,曲尽其致。康熙中祇候内廷,诏谓《耕织图》四十六幅称旨,其为王熙作《怡园图》,绝无疑义。图上附"诗档",为王元治所题,书于怡园之南轩。

南京瞻园重修于乾隆间。袁江所绘为当时之景。两园同为市园,而有南北之殊也。

随园图

曩岁我于上海朵云轩书画社发现此《随园图》手卷,欣然为同济大学购藏。匆匆二十余年,未及考订,旋为卞君孝萱见之,先我作介绍。但图未与读者见面,且于论造园艺术一端复未涉及,爰就管见所及试谈随园。

《随园图》卷绢本,长一百七十三点四厘米,高四十九厘米,无款,图末盖"汪荣之印"。卷后附管镛书《随园五记》,纸本。以该卷绢质笔意及设色而论,与管镛之效王梦楼(文治)书体,是属乾隆时之作无疑。

汪荣为园主袁枚同时人。案清嘉庆《重刊江宁府志卷四十三·人物·技艺》:"汪荣,字欣木,六合县增生。工画,烟云变幻,颇得二米之法。曹秀先督学江苏,以《深山藏古寺》题试诸生之善画者,以荣为冠。兼工写生。"光绪《重修六合县志卷八·附录·方技》所述相同。曹秀先于乾隆三十一年(1766)至三十三年(1768)为江苏学政。

管镛字西雍,号桂庵、退庵、激斋,为袁枚弟子。《墨香居画识》卷十载:"管镛字退庵,上元岁贡生……丁卯春日,曾访之于城北双石鼓,而不知其能画。近于朱炼师乐园肩头见其写梅花一枝,精妙绝伦,题句书法亦工,几令人摩挲不忍置。"丁卯为嘉庆十二年(1807)。管镛书随园五记后,跋云:"随园夫子居随园四十余年矣。名家五为之图,先生六为之记,皆足以传世而宝贵者也。乾隆辛亥年

南京《随园图》【清】

七月,桂庵管镛书并识。"辛亥为乾隆五十六年(1791),袁枚于乾隆十三年(1748)
得随园,次年乞病园居,凡四十余年(见《随园诗话》卷五及《随园后记》),与此跋
相符。汪荣作图亦正同时,袁枚自己也说"增荣饰观,迥非从前光景"(《随园诗
话》卷五)。这是随园全盛时期。

《随园图》卷据袁祖志《随园琐记》,知有五图,计沈凤(凡民、补梦)、罗聘(两
峰)、张栋(看云)、项穆之(莘甫)及王霖(春波)、袁树(香亭)等六家。图失于同治
间,袁起绘《随园续图》,系出于追忆。其他散见于他书者如《鸿雪因缘图记》有
之,亦非园之全貌。

此卷所示随园殊具体,其画非一般写意山水,与《随园记》、随园诗文及后人
笔记一一相符,洵难得之园图也。

袁枚字子才,号简斋,浙江杭州人。清代大文学家、诗人,长期居南京小仓山
随园中,人称随园先生。

随园本名隋园,为雍正间江宁织造隋赫德之园。袁枚于乾隆十三年购入重
建,为江南名园之一,且有讹传为《红楼梦》大观园者。

《水窗春呓》卷下:"江宁滨临大江,气象开阔宏丽。北城林麓幽秀,古迹尤
多。""金陵城北冈岭蜿蜒,林木渝翳,至为幽秀。最著名者随园陶谷,陶即贞白隐
居之所而卜宅,非其人无甚足观。随园乃深谷中依山厘而建坡陀,上下悉出天然。

谷有流水,为湖,为桥,为亭,为舫。正屋数十楹在最高处,如嵊山红雪、琉璃世界、小眠斋、金石斋群玉头、小苍山房,玲珑宛转,极水明木瑟之致,一榻一几皆具逸趣。余曾于春时下榻其中旬日,莺声掠窗,鹤影在岫,万花竞放,众绿环生,觉当日此老清福,同时文人真不及也。下有牡丹厅,甚宏敞。园门之外无垣墙,唯修竹万竿,一碧如海,过客杳不知中有如许台榭也。"写随园之景,楚楚有致,极为倾人。

园为郊园,居小苍山之麓,无墙垣,有门可识,实则负山环水,有天然之障。而"诸景隆然上浮,凡江湖之大,云烟之变,非山之所有者,皆山之所有也"(《随园记》)。园外之景顾盼而拥焉,此随园选地之佳妙。袁枚虽非造园家,其于造园之学,标园林之道与学问通,甚有见地(说见《随园三记》)。他以其文学创作的方法,运用到造园中来,提出了"不用形家言,而筑毁如意,变隙地为水为竹,而人不知其不能屋,疏窗而高基,纳远景而人疑其无所穷。以短护长,以疏彰密……"(《随园三记》)的布置方法。而此卷皆能体现出来。汪荣将园外之景、翠黛横抹、塔影入池(永庆寺塔)及小桥村居,皆一一入图,占全卷三分之一,亦此园作者与此卷作者之用心处。

"因地制宜",自来名园皆能体现之。袁枚虽非造园家,然能曲尽其意。《随园记》之论,足为今日构园之借鉴:"随其高为置江楼,随其下为置溪亭,随其夹涧为之桥，随其湍流为之舟，随其地之隆中而欹侧也为缀峰岫，随其蓊郁而旷也为设窨窊，或抉而起之，或挤而止之，皆随其丰杀繁瘠，就势取景，而莫之夭阏者，故仍名曰'随园'。"《随园记》文拈出一个"随"字与"就势取景"一语，园之设计指导思想在此。实非园记，而造园之法，存乎其间。袁枚说诗讲"性灵"，造园主"得势"，以"随"字来概括之，此所谓立意在先者。

前人筑园类皆喜购旧园而重茸之，以其多古木。新构者必千方百计以求之，得之破墙而入。随园古松亦毁门进之，故有《毁门进古松》之诗，足征古木在园林中之地位。而"缀石分标致，张灯自剪裁"，其重视树石之配置，修剪之入画，用心良苦，非一般不解园学之主人可比。

此园之特征，建筑多楼，亭榭面水，而游廊周接，各自成区，因系山麓园，不必叠山，庭院唯点石而已，符园林叠山、庭院点石之旨。随园《造假山》诗"高低曲折随人意，好处多从假字来"，亦标出一个"随"字。而廊以诗笺为饰，以代诗条石，亦别出一格。《诗城诗》序言："余山居五十年，四方投赠之章，几至万首，梓其尤者，其底本及余诗无安置所，乃造长廊百余尺而尽糊之壁间，号曰诗城。"足证是园除景物可观外，尚多文化之可欣赏。

园既为郊园，力符自然之势。其分区亦存内外之别，内则居室，外则园林。其树木布置，以竹为基调；而厅前牡丹；小院桐荫、桂丛；夹岸垂杨。乔木则古松、银杏点缀山间，清新柔美间有苍古之意。以整体而论，境界自与苏南诸园有异。其利用自然山水，成就为大。其居屋配置，亭廊水榭之属，颇近杭州西湖之山庄，故袁枚自云："余离西湖三十年，不能无首邱之思，每治园戏仿其意。"（《随园五记》）此固为是园之特色，但另一方面不无做作之处。且我国造园自明迄清，至乾隆为一转折点，正如其他建筑一样。盖其时物力充沛，建屋务高峻，山求宏大，故袁枚诗有"造楼不嫌高，开池不嫌多"句。随园之楼过高，在当时便有人评论过（见《六月十四日尹宫保过随园》注云："公嫌门小楼高。"）。而水亭之采用方胜双亭式，则为新例，及今唯太仓亦园存此一端。

袁枚于假山施工，有诗咏之，实为有助于治叠石史料，《假山成邾》："……初将地形参，继用粉本写，高低旨随人，其妙转在假……五岳走家中，一拳始腕下……"足证当时叠山先相地，后绘图，在叠置中随宜调整。及至今日犹沿用之。

此园在造园史中，与扬州乔氏《东园图》卷（袁江绘）同属郊园之实例。两者基地不同，有山林地与郊野地之分，虽同为郊园而景自异，但其价值则无可轩轾，为治园史者所必究者。

小隐名园几日闲

——兼谈园林的散与聚

上林我厌繁华地,何处烟波泂耐看。

柳拂长堤横玉带,廊虚穿影入西山。

北京是常来常往的地方,嵯峨宫阙,蜿蜒西山,华丽的颐和园,雄伟的八达岭,都曾任我盘桓,南归后时时浮起它们的朝形暮态,一幅幅的时序变幻,往往引起了各种各样的思绪。而每次重游,又有着不同的感触。去年十月友人贝聿铭兄邀我参加他设计的香山饭店开幕式,我悄然来到山间,回忆起二十年前在香山的往事,星散了与下世了的朋友,吟出了"香山不语京华西,廿载重来一布衣"的诗句,作为一个像我这样平凡的人,多少亦体会到一点人生"无可奈何花落去,似曾相识燕归来"的滋味了!

这次来北京,我是没有准备的,我方从山东益都等处考察古建归,行装初卸,想小休一下,同时妻也常埋怨我说:"上了年纪了,终岁浪迹在外,又何苦呢?"我也渐渐理解她的好心,感到唯有此生相依为命、同尝甘苦的老伴才会有此规劝,她的心是真诚可亲的,世界上这种看来是极平常的家话,而其中包含着四十年相处之爱,表达了她最真挚的夫妇感情,"蔗境老来回味永,梅花冷处得香遍",可以用作写照。

在家中只住下几天,北京来通知了,加上老学长叶浅予同志函促,要我从速动身北上,参加中国美协与中国画研究院举办的"张大千画展"及张氏学术讨论会。师谊、友谊,一时交并,我怎么可以推辞呢? 振我疲躯,匆匆就道。上海还是初夏天气,北京却早热,午前抵站,炎阳逞威。下了火车,找不到来接我的人,我虽算是熟悉北京,而今却越来越陌生,车如流水,人似穿织,茫茫何处去程,我有些犹豫了。通知书上的住宿地点,就是中国画研究院所在地颐和园藻鉴堂,那我只好叫了一辆车直奔颐和园。当然这偌大的名园,是不会弄错的,藻鉴堂亦知道在园内,可是司机同志只允许开到东宫门,把我在门前放了下来。时方中午,从东宫门起要跑两个多小时才能到西南角我们住的地方,真是对着昆明湖兴叹,"盈盈一水间,脉脉不得语。""望美人兮天一方。"下定决心我只有用我的双腿,行行重行行,来完成此环湖"长征"了。再想想人生的漫长道路,又何尝不是如此一步步的走呀,六十多年的岁月,不也很快的过去了吗! 除了"继续革命",存不了其他什么幻想,既来之则安之。我回忆起当年在"红卫兵"的鞭挞下,从上海的罗店走回学校,路程是更长。痛苦的遭遇,不也已经过来了。同我今日徘徊在湖边的感情是不可同日而语的。走吧,向前进! 历来颐和园是多么令人向往和陶醉的地方,依恋、沉醉、忘返。而今呢? 我已像一个"拉练者",如果此时有费长房缩地之法,我且不可少流两小时多的黄汗了。时正中午,腹饥口渴,那曲折的长廊,已变成增加我疲劳的痛苦刑具,沿着湖边土路走,倒是干脆轻松一些。袋中仅余的几根烟,也差不多早完成了使命,不得不在亭子中买了一包烟,信手抽了一支,望望玉泉山,猜疑着其前的藻鉴堂,遥远的路程,期待着愉快的休息,痛快的午餐,再回顾走完的长路,唏嘘太息一番。拿出手帕擦了擦汗,背起两件随带的行李,继续着我的前程。长廊已完了,走过西宫门,游人是一个也没有了,夏午的烈阳,照得高树投下一个个的浓荫,波光闪耀得如同银镜,温度已迫使你追求室内的清凉,而脚下的路还是那么长! 一步一个脚印,踏在土上,飞起淡淡的轻尘,染在我汗湿的身上,颜色是粉黄的,擦上去沙沙地作响。如果没有行李,也不是中午,在晓风残月中,在春秋佳日里,那悠闲地作半日清游,比坐汽车不知要文明多少倍。我在此刻不是不爱昆明湖,而境遇使我产生了憎恨,使我错怨她,那实在对她太委屈了。游必有情,无情难以兴游,我不但无情,而且有了些怨意恨态,这叫我怎样说呢?

　　渐渐地走近玉带桥,在歧途中,我开始彷徨了,四顾无人,何去何从,居然远远来了一辆自行车,看去是个园中工人。我招呼了他停下来,正在承他指示迷径之时,后面来了一辆汽车,我挥手向他们呼援,而车立便停了下来。原来里面是去北京站接我的人,连拉带拖将我拽入车中,飞轮扬尘,转眼到了藻鉴堂,在车中望望迅速过眼的长堤,私下太息着,我如徒步,怕一小时后还在水边彳亍呢! 阿弥陀佛,救命王菩萨。

　　藻鉴堂原为颐和园一景,今重建易为洋楼,中国画研究院临时院址,是一个小岛,多桃树,实大逾碗。堂前方池鉴藻,名由是出。这地方已是颐和园的西南隅,附近还有处名畅观堂,是一组面湖的建筑,听说当年西太后来此赏月,堂馆没有修整,在作训练班教室宿舍之用。是区风光,实在太幽静,但闻风声、鸟声,忘世、忘机,骤雨新凉,洗得万木青翠,柳梢间隐隐望见万寿山一带金碧楼台,松柏中透出西山鬓影,像水墨描的。虽然进城不便,困居"瀛台",但凭栏遐想,虚廊下偷闲写此短文,我幸运地疏远了世务酬对,放弃了来北京免不了的俗套,让我深藏在京华的僻地,意外地留下了一幅淡逸的《京隐图》。它仿佛满汉全席席终时的一盆酸盐菜,有着它不染京尘的清味。

　　初阳轻拂在水边的柳上,我独自蹲在漂浮波面的石矶上,视线在垂杨底穿过十七孔桥,引申到万寿山一带,空灵缥缈,如在世外,闲适高逸,有些像仙人下瞰尘世。西堤一带,疏烟淡雾,芳草闲花,西山似眉,塔影若笔,人行其间,一衣带水,勾引起我少时西湖的游踪,那时的苏堤一带亦正是如此光景。可惜我不能久留于此,倦鸟偶栖,留下来日回忆的梦痕而已,不免有些怅然。

　　今天万寿山一带,已是成千上万的游客,摩肩接踵,有些像逛上海大世界。整个名园,人流都集中在那里,再想到杭州西湖,亦不是都挤在孤山一带吗? 为什么颐和园在西南部分少有游人,西湖在南山罕去游客,连游风景也有些像上王府井与南京路,感到风景区的人流有散与聚的这个问题,成为今日急于运用辩证方法来解决它,已是刻不容缓的了。聚与散是相对的,园林只聚不散,无以言赏景,遑论说管园,颐和园藻鉴堂为机关,畅观堂开学校,杭州西湖雷峰塔址开宾馆,人为的禁地,怎不使游人集中一二个赏观点呢,像颐和园、西湖面对游客的不过几分之几,有多少倍的好地方,没有地尽其胜呢?我们口口声声说要扩大旅游区,要发挥潜力,而又为什么许多连近水楼台的地方不利用,却被那些单位占领了。风景区在于有景可观,能散游人。害于占领,更危于破坏。从前我怕到颐和园,因为人太挤,我觉得似乎没有更好的办法来解决,几日藻鉴堂小住,使我聪敏起来了,颐和园的西南部开发整顿是有前途与有其必要,当年西太后也没有放过它。事物不是绝对不变,而是相对的,散与聚也是相对的,如果能在这个问题上下点功夫,好好分析处理一下,颐和园的旅游事业能有所提高,必会出现一个新局面。我深切地希望北京园林局的一些朋友们,西郊的风景资源,你们要像保护美人的眼睛一样地来珍惜它。

一九八三年六月十九日于藻鉴堂

园史偶拾

　　苏州留园为明清江南名园之一,现在又列为全国重点文物,是大家所熟悉的。它的历史都知道原为明代徐泰时(囧卿)的东园,清嘉庆间为刘恕(蓉峰)所得,以园中多白皮松,故名寒碧山庄。刘爱石成癖,重修此园,其中的"十二峰"为园中特色。同光间为盛康购得,易名留园。其中假山的真正设计与建造者究为何人,从明代以来一直被埋没了。如今我来介绍一下这园的叠山师——周秉忠。

　　明代《袁中郎游记》上说:"徐囧卿园(即今留园),在阊门外下塘,宏丽轩举,前楼后厅,皆可醉客。石屏为周生时臣所堆,高三丈,阔可二十丈,玲珑峭削,如一幅山水横披画,了无断续痕迹,真妙手也。堂侧有土垄甚高,多古木。垄上有太湖石一座,名瑞云峰,高三丈余,妍巧甲于江南,相传为朱勔所凿。才移舟中,石盘忽沉湖底,觅之不得,遂未果行。后为乌程董氏购去,载至中流,船亦复没,董氏乃破资募善没者取之,须臾忽得,其盘石亦浮水而出,今遂为徐氏有。"(并见《桐桥倚棹录》)这段记载除指出假山作者外,并可说明今日留园中部及西部的假山,尚存当日规模,可与王学浩《寒碧山庄图》互相参证。唯这太湖石"瑞云峰"已移至城内旧苏州织造府中。

　　江进之《后乐堂记》:"太仆卿渔浦徐公解组归田,治别业金阊门外二里许,不佞游览其中,顾而乐之,题其堂曰后乐堂。堂之前为楼三楹,登高骋望,灵岩天平诸山,若远若近,若起若伏,献奇耸秀,苍秀可掬。楼之下北向,左右隅各植牡丹、芍药数十本,五色相间,花开如绣。其中为堂凡三楹,环以周廊,堂墀迤右,为径一道,相去步许植野梅一林,总计若干株。径转仄而东,地高出前堂三尺许,里之巧人周丹泉,为叠怪石作普陀天台诸峰峦状。石上植红梅数十株,或穿石出,或倚石立,岩树相得,势若拱遇,其中为亭一座,步自亭下,由径右转,有池盈二亩,清涟湛人,可鉴须发,池上为长堤,长数丈,植红杏百株,间以垂杨,春来丹脸翠眉,绰约交映。堤尽为亭一座,杂植紫薇木犀、芙蓉、木兰诸奇卉。亭之阳,修竹一丛,其地高于亭五尺许,结茅其上。徐公顾不佞曰:此余所构逃禅庵也。"案徐树丕《识小录四》:"余家世居阊关外之下塘,甲第连云,大抵皆徐氏有也。年来式微十去七八……"徐氏在阊门占有东园(今留园)、西园、紫芝园等,颜堂曰"后乐堂"。尤为难得者,知后乐堂叠山即东园者同出周秉忠(丹泉,时臣)之手。紫芝园王百縠有记,记中未言后乐堂。江进之,名盈科,楚之桃源人,明万历间为长洲(今苏州)令,工文。袁小修为作《江进之传》。

按《吴县志》所载,韩是升《小林屋记》:"按郡邑志……台榭池石皆周丹泉布画。丹泉名秉忠,字时臣,精绘事,洵非凡手云。"小林屋即今日苏州现存园林之一的惠荫园(洽隐园),在南显子巷,其中水假山委婉曲折,为国内的罕例。又据明末徐树丕《识小录》上说:"丹泉名时臣……其造作窑器及一切铜漆物件,皆能逼真,而妆塑尤精……究心内养,其运气闭息,使腹如铁。年九十三而终。"可见他除工叠山外,又是画家与工艺家。依上面的两段记载而论,他生活的年代,当是明末的大部分时期了。同时惠荫园水假山堆叠时代亦可确定了。周秉忠的儿子"一泉名廷策,即时臣之子,茹素,画观音,工叠石。太平时江南大家延之作假山,每日束脩(工资)一金……年逾七十,反先其父而终。"(见《识小录四》)是一个继承他父亲技术的叠山师,从"反先其父而终"一语来看,周秉忠的一些作品,必然有许多是他们父子二人合作的结晶了。

苏州怡园,建于清末,景多幽雅,名驰江南,园主顾文彬(子山)在建园前,曾购留园,旋让盛氏。其时顾在浙江宁绍道台任上,园的规划皆出其子顾承(乐泉)之手。顾承是画家,设计的很多方面与画友研讨而成。当时画家如吴县人王云(石芗)、范印泉及顾沄(若波)、嘉定人程庭鹭等人,都参与了设计工作。藕香榭重建出姚承祖之手。龚锦如,吴县胥口人,世代叠石,曾参予后期怡园山石堆叠,同时亦为狮子林重修假山。相传经营是园的时候,每堆一石,构一亭,必拟出稿本与他父亲商榷,顾的曾孙公硕先生说,这些往来书信尚存其家。怡园联对,刻本今不存,皆顾文彬自集宋词,由当时书家分写,原作今藏苏州博物馆。这些当不失为研究园林的好资料。

吴绍箕《四梦汇谈》卷二《游梦倦谈·伪王宫》:"……由此又踏瓦砾数重,为伪花园,有台,有亭,有桥,有池,皆散漫无结构。过桥为假山,山中结小屋,横铺木板六七层,进者须蛇行,不能坐立。"此殆即南京太平天国天王府花园。其山中结小屋,颇似扬州片石山房及苏州环秀山庄者,知其有所自也。

苏州西百花巷潘宅(后属程姓)园中,有一海棠亭(今移至环秀山庄),其建筑结构形式是国内唯一孤例,是件珍贵文物。亭式如海棠,柱、枋、装修等皆以海棠为基本构图。过去东西两门都能自行开阖,有人入亭,距门一步余,门即豁然洞开,入门即悠然自合,不需人力,出门也自行开闭。后因机件损坏,竟无人能修(见《吴县志》)。《哲匠录》曾引《吴县志》的记载,指出建亭人为一清代佚名工匠某甲,但未指出亭之所在地点。不久前我访问了苏州香山老工人贾林祥同志,据他说,该亭为清康熙间香山人徐振明所建。徐为康熙间名匠,苏州马医科申文定公牌楼(今移北寺塔前)之修理亦出其手。据说他建造这亭,没有完工,尚缺挂落、吴王靠(前者是檐下的装饰,后者是亭四周上的坐椅)等部分构件。为人有正义感,不肯屈身服侍统治阶级,生活寒苦,晚年潦倒,近六十岁时病死街头。他的悲惨遭遇,仅是旧社会罪

苏州潘宅园内海棠亭(今移至环秀山庄)

恶统治下的许许多多民间工匠艺人中间的一例而已,应当把这些事例列入苏州园林史料之中。

北京颐和园的假山,从未有人谈其作者。耿君刘同告我,颐和园史料中有此一则:"乾隆十五年(1750)、十六年(1751),口谕内务府造办处朱维胜叠清漪园(颐和园前身)乐安和(扇面殿)假山。乾隆十五、十六年上谕杨万青通晓园庭事务,主管清漪园工程,授郎中,后又撤职。"诚为研究颐和园及我国叠山史的重要资料。

如皋汪氏文园,夙负盛名,然毁已久,莫能明其结构之精。案清钱泳所著《履园丛话》卷二十:"如皋汪春田观察,少孤,承母夫人之训,年十六以资为户部郎。随高宗出围,以校射得花翎,累官广西、山东观察使。告养在籍者二十余年,所居文园,有溪南、溪北两所,一桥可通。饮酒赋诗,殆无虚日。"春田《重葺文园诗》:"换却花篱补石阑,改园更比改诗难;果能字字吟来稳,小有亭台亦耐看。"可证当日经营用力之专,宜其巧具匠心也。一九六二年春,余拟作"文园"遗址之勘查,奈阻雪泰州,兴废而返。路君秉杰得《如皋汪氏文园绿净园图咏》印本,其偿我昔愿之未果耶?

姚祖诏跋两园图云:"案《如皋县志》,文园在治东丰利镇,镇人汪之珩筑,绿净园,在文园北,其子为霖筑。然观其孙承镛两园记,则文园在雍正初为之珩乃父澹庵所辟课子读书堂,即澹庵课之珩处也。绿净园后于文园六十年,为霖以事母及觞咏之所,初欲通两园为一,而终尼于忌者。之珩好学不仕,网罗乡献,辑《东皋诗存》四十八卷。……谓文园为之珩所筑或以此而致误也。为霖官至山东督粮道,亦尝与东南名流相往还,而绿净之名不逮文园远甚。承镛当道光间,既自作记,复梓季耘(标)所绘图,以永先迹。时文园已荒废莫治,绿净亦风雅消歇。"钱泳于"道光(二年)壬午(1822)三月……绕道访文园,时观察(汪春田)年正六十,发须皓然矣。"(《履园丛话》卷二十)春田名为霖。

此园为戈裕良所重修者(据《履园丛话》卷十二),景中小山水阁溪泉作瀑布状,自上而下曲折三叠,洵画本也,直拟之园中,今南北所存诸园无此佳例。无锡寄畅园之八音涧,修理中未按原状,已失旧观矣。石矶堆叠自然,亦属佳构。

仪征朴园亦戈裕良所构筑。园主巴君朴园、宿崖兄弟,凡费白金二十余万两,五年始成。园甚宽广,梅葶千株,幽花满砌。其牡丹厅最轩敞。假山形式"有黄石山一座,可以望远,隔江诸山历历可数,掩映于松楸野戍之间。而湖石数峰,洞壑宛转,较吴闻之狮子林,尤有过之,实淮南第一名园也"。钱泳推崇如此,见《履园丛话》卷二十。此园之假山乃兼黄石、湖石二者之长,高山以黄石,洞曲以湖石,各尽其性能也。至于借景隔江,亦效扬州平山堂之意。园在仪征东南三十里。

龚自珍谓巴姓为徽州大族,迁扬州者多以业盐致富。今扬州尚存巴总门之大住宅。

南京瞻园重修于一九三九年,石工为王君涌。杨寿楣《记石工王君涌》:"王君涌,金陵人,居城西凤台巷。业莳花卉,而尤工叠假山。已卯(1939)冬,余承乏宣房,葺瞻园为行馆。园故徐中山王邸第,石素擅称,自后之修者,位置错乱,顿失旧观,又经丁丑(1937)事变,欹侧倾颓,危险益甚,乃招君涌为整治之。君涌老于事,举所谓三宜五忌者,言之成理,累然如数家珍。故凡峰壑屏障,一经其手,辄嶙峋育篠,几令人有山阴道上应接不暇之观。盖虽食力小民,固胸有丘壑,兼于重量配置,别具特识,有隐合近代科学之原理者。问其年,六十年有四,且有子子兴,能世其业矣……"

"梓人武龙台,长瘦多力,随园亭榭,率成其手。癸酉(1753)七月十一日病卒。素无家也,收者寂然。余为棺殓,瘗园之西偏。"(见袁枚《小仓山房诗集》卷九《瘗梓人诗》小序)此为随园建造者之一,幸传焉。

《泾林续集》载:"世蕃于分宜藏银,亦如京邸式,而深广倍之。复积土高丈许,遍布桩木,市太湖石,累成山,空处尽栽花木,毫无鳞隙可乘,不啻万万而已。"世蕃为明严嵩子。江西分宜人,其京邸窖藏为深一丈五尺。此亦假山之别例也。

一九五八年

江南园林叠石所本乃皖南山水

客安徽歙县一年，每于山际水崖，见石壁之森严，矶濑之湍伏，因悟江南园林叠山所本，不仅囿于一隅也。而皖南山水影响所及，自有其迹，盖明中叶以后述皖南山水之诗文，绘皖南山水之画图，流风所被，盛于江南，至若徽属之人移居杭州、苏州、扬州三地者为数特多，皆宦游经商于其间，建造园林，模山范水，辄动乡情，致移皖南之山水，置异乡之庭园。而两淮盐船回运，载石以还，故扬州园林尚有歙石也。园林因限于面积，叠山须小中见大，模山取其段，范水效其源，以少胜多，故山脚、石壁、石矶、危峰，最具画龙点睛之妙，古代匠师深知此中消息，随宜安排，自成佳构，盖师其意，取其神，深究山水组合之理，故能咫尺天涯，城市山林矣。

陈从周《黄山云烟图》（张大千题款）

园林与山水画

　　清初画家恽南田（寿平）曾经说过："元人园亭小景，只用树石坡池，随意点置，以亭台篱径，映带曲折，天趣萧闲，使人游赏无尽。"这几句话可供研究元代园林的重要参证。所以不知中国画理画论，难以言中国园林。我国园林自元代以后，它与画家的关系，几乎不可分割，倪云林（瓒）的清秘阁便是饶有山石之胜，石涛所为的扬州片石山房，至今犹在人间。著名的造园家，几乎皆工绘事，而画名却被园林之名所掩为多。

　　我国的绘画从元代以后，以写意多于写实，以抽象概括出之，重意境与情趣，移天缩地，正我国造园所必备者。言意境，讲韵味，表高洁之情操，求弦外之音韵，两者二而一也。此即我国造园特征所在。简言之，画中寓诗情，园林参画意，诗情画意遂为中国园林之主导思想。

　　画究经营位置，造园言布局，叠山求文理，画石讲皴法。山水画重脉络气势，园林尤重此端，前者坐观，后者入游。所谓立体画本，而晦明风雨，四时朝夕，其变化之多，更多于画本。至范山模水，各有所自。苏州环秀山庄假山，其笔意兼宋元诸家之长，变化之多，丘壑之妙，足称叠山典范，我曾誉为如诗中之李杜。而诸时代叠山之嬗变，亦如画之风格紧密相关。清乾隆时假山之硕秀，一如当时之画，而同光间之碎弱，又复一如画风，故不究一时代之画，难言同时期之假山也。

石有品种不同，文理随之而异，画之皴法亦各臻其妙，石涛所谓"峰与皴合，皴自峰生"。无皴难以画石。盖皴法有别，画派遂之而异。故能者决不能以湖石写倪云林之竹石小品，用黄石叠黄鹤山樵之峰峦。因石与画家所运用之皴法有殊。如不明画派与画家所用表现手法，从未见有佳构。学养之功，促使其运石如用笔，腕底丘壑出现纸上。画家从真山而创造出各画派画法，而叠山家又用画家之法而再现山水。当然亦有许多假山直接摹拟于真山，然不参画理概括提高，皴法巧运，达文理之统一，必如写实模型，美丑互现，无画意可言矣。

中国园林花木，重姿态，色彩高低配置悉符画本。"枯藤老树昏鸦，小桥流水人家。"文学家、园林家、画家皆欣赏它，因有共同所追求之美的目标，而其组合方法，亦同画本所示者。画以纸为底，中国园林以素壁为背景，粉墙花影，宛若图画。叠山家张涟能"以意创为假山，以营丘、北苑、大痴、黄鹤画法为之，峰壑湍濑，曲折平远，经营惨淡，巧夺画工"，已足够说明问题了。

一九八二年一月

春游季节谈园林欣赏

现在正是春游佳节，在首都的颐和园、北海，苏州的拙政园、留园，上海的豫园，扬州的个园等等，不知吸引了多少的游客。我国园林应该是建筑、花木、水石、绘画、文学等的综合艺术，在世界园林建筑中独树一帜。从古代到现在，劳动人民在这方面创造了无数的佳作。我们在游园之时，如何欣赏这些园林艺术，理解它的佳妙之处，我想是大家所乐闻的吧！

一个园林不论大小，它必有一个总体。当我们游颐和园时，印象最深的是昆明湖与万寿山，游北海，则是海与琼华岛。苏州拙政园曲折弥漫的水面，扬州个园峻拔的黄石大假山，也给人印象甚深。这些都是园林在总体上的特征，形成了各园特有的景色。在建造时，多数是利用天然的地形，加以人工的整理与组合而成的。这样不但节约了人工物力，并且又利于景物的安排，这在古代造园术上，称之为"因地制宜"。我们去游从未去过的园林时，应先了解一园的总体，不然，正如《红楼梦》中的刘姥姥一样，一进大观园，就会茫然无所对了。

在我国古典园林的总体中，有以山为主的，有以水为主的，也有以山为主水为辅，或以水为主山为辅的。而水亦有散聚之分，山有峻岭平冈之别，总之景因园异，各具风格。在观赏时，又有动观与静观之分。因此，评价某一园林艺术水平的高低，要看它是否发挥了这一园景的特色，不落常套。

狮子林立雪堂望院中
春在梨花院。

古代园林因受封建社会历史条件的限制,可说绝大部分是封闭的,即园四周皆有墙垣,景物藏之于内。可是园外有些景物还是要组合到园内来,此即所谓"借景"。颐和园的主要组成部分是昆明湖与万寿山,但是当我们在游的时候,近处的玉泉山和较远的西山仿佛也都被纳入园中,使园有限的空间不知扩大了多少倍,予人以不尽之意。我最爱夕阳西下的时候在"湖山真意"处凭阑,玉泉山"移置"槛前,的确是一幅画图。北京西郊诸园可说都"借景"西山,明代人的诗说:"更喜高楼明月夜,悠然把酒对西山。"便是写的这种境界。"借景"予人的美感是在有意无意之间,陶渊明的"采菊东篱下,悠然见南山",妙处就在"悠然见"。园林中除给人以"悠然见"的"借景"外,在园内亦布置了若干同样"悠然见"的景物,使游者偶然得之,这名之谓"对景"。苏州拙政园有一个小园叫枇杷园,从园中的月门望园外,适对大园池上的雪香云蔚亭,便是一例。

　　中国园林往往在大园中包小园,如颐和园的谐趣园,北海的静心斋,苏州拙政园的枇杷园,留园的揖峰轩等,它们不但给了园林以开朗与收敛的不同境界,同时又巧妙地把大小不同、曲直各异的建筑物与山石树木,安排得十分恰当。至于大湖中包小湖的办法,要推西湖的三潭印月了。这些小园小湖多数是园中精华所在的地方,无论在建筑的处理上,山石的堆叠上,盆景的配置上,都是细笔工描,耐人寻味。正如欣赏齐白石的画一样,那粗笔幅中的工笔虫,是齐翁用力最劲的地方。在游园的时候,对于这些小境界,不要等闲行过,宜于略事盘桓。我相信年事较高的人,必有此同感。

　　中国园林在景物上主要摹仿自然,即用人工的力量来建造出天生的景色,即所谓"虽由人作,宛自天开"。这些景物虽不强调一定仿自某山某水,但多少有些根据。颐和园的仿西湖便是一例,可是它又不同于西湖。还有利用山水画为粉本,参以诗词的情调,构成许多如诗如画的景色。这些景物已是提高到画意诗情的境界了。在曲折多变的景物中,还运用了"对比"、"衬托"等的手法。所谓"对比",就是两种不同的景物相互对比,可得很好的效果。颐和园前山为华丽的建筑群,后山却是苍翠的自然景物,两者予游客以不同的感觉,而景物相得益彰,便是一例。因此在中国园林中,往往以建筑物与山石作对比,大与小作对比,高与低作对比,疏与密作对比。而一园的主要景物却又由若干次要的景物"衬托"而出,使"宾主分明",突出了重点,像北海的白塔、景山的五亭、颐和园的佛香阁便是。

　　中国园林除山石树木外,建筑物是主要构成部分。亭、台、楼、阁的巧妙安排,变化多端,十分重要。如花间隐榭,水边安亭,长廊云墙,曲桥漏窗等,构成各种画面,使空间更加扩大,层次分明。因此游过中国园林的人常说,花园虽小,游来却够曲折有致。这就是说将这些东西组合成大小不同的空间,有开朗,有收敛,有幽深,有明畅,从入园到兴尽游罢,如看中国画的手卷一样,次第接于眼帘,观之不尽的了。

　　"好花须映好楼台。"园林中的树木就要发挥这个作用。我相信到过北海团城的人,没有一个不说团城承光殿前的一些松柏,是布置得那样妥帖宜人,说得上"四时之景,无不可爱"。这是什么道理? 其实是这些松柏的姿态与附近的建筑物体形,高低相称,又利用了"树池"将它参差散植,加以适当的组合,形成疏密有致,掩映成趣。苍翠虬枝与红墙碧瓦构成一幅极好的水彩画面,怎不令人流连忘返呢?颐和园乐寿堂前的海棠,同样与四周的廊屋形成了玲珑绚烂的构图,这些都是绿化中的佳作。江南的园林,利用白墙作背景,影以华滋的花木、清拔的竹石,明洁悦目,又别具一格。园林中的花木,大都是经过长期的修整,人力加工,使曲尽画意。园林中除假山外,尚有"立峰",这些是单独欣赏的佳石,抽象的雕刻品,它必具有"透、漏、瘦"三个优点,方称佳品,即要"玲珑剔透"。说得具体点,石头的姿态可以"入画",才能与园林相配。我国古代园林中,要有佳峰珍石,方称得名园。上海豫园的"玉玲珑",苏州留园的"冠云峰",在太湖石中都是上选,给园林生色不少。

若干园林亭阁,不但有很好的命名,有时还加上了很好的对联。读过《老残游记》的,总还记得老残在济南游大明湖,看了"四面荷花三面柳,一城山色半城湖"的对联后,暗暗称道:"真个不错。"这便是妙在其中。当然,有些亭阁的命名和对联的内容,其封建意识很浓,那又当别论了。

不同的季节,园林呈现不同的风光。古人说过:"春山淡冶而如笑,夏山苍翠而如滴,秋山明净而如妆,冬山惨淡而如睡。"接下来便是"春山宜游,夏山宜看,秋山宜登,冬山宜居"了。在当时的设计中多少参用了这些画理,扬州的个园便是用了春夏秋冬四季不同的假山。在色泽上,春用略带青绿的石笋,夏用灰色的湖石,秋用褐黄的黄石,冬用白色的雪石。此外,黄石山奇峭凌云,俾便秋日登高。雪石罗堆厅前,冬日可作居观,便是体现这个道理。

晓色云开,春随人意,想来大家必可畅游一番吧!

一九六二年四月

《光明日报》(1962 年 4 月 28 日)

园以景胜

秋深庭院,居停在扬州的客邸中,我没有清福,来此也是为了参加历史文化名城会议。当然在这淮左名都里,大家在参观中不免要议论,地方风格、园林特征,这都与保护名城有关的。"园以景胜,景因园异。"这句话是我过去在品园中所说的,扬州园林确当得起"景因园异",虽然"江南园林甲天下",但"二分明月在扬州",有它的特色。

扬州除瘦西湖平山堂为主要风景区外,还在城内分布了若干园林(详见拙著《扬州园林》),这些园林在艺术上,人们都知道是南北园林的介体,在风格与手法上,都能见到,尤其二层的楼廊是最令人注意了。但这是扬州园林的共性,而各园则各具其个性,以寄啸山庄(何园)来说,建筑极大多是二层,用以周园,山池则处中央,布局清晰,园景则高畅华丽,与人斗富。园虽筑于清光绪间,为时较晚,然亦匠心独运。个园建于清嘉庆间,其石则所谓"四季假山",构园者以不同之山石,掇各殊之假山,其法春以石笋,夏以湖石,秋以黄石,冬以宣石,色有灰黄白等之别。论理以不同之山石筑一处之园,似悖物理,应属园之下品,然其能因之而分峰用石,山与山之间以建筑为过渡,使游者不觉其不调和,反因石之质感不同而生相异之美感。正如扬州名点"三丁包"能以余料而成佳点。扬州因为不产石,石全仗盐船回运,其量有限,遂出此下策,而事物无不在转化中,使用得法可

楼廊

点铁成金,个园之山在乎能得此消息,今西部仅竹林,盛时应以楼廊环之以达于夏山之巅,他日复园似可补成。小盘谷以山石水池胜,而建筑则水阁临流,前后参错,空灵多变,幽深无穷,而山石以花墙小院与轩堂连,浑然一体,妙笔也。园无楼,不髹色,极雅清淡逸之感。余园中为厅事,其四周则分别环以独立之小庭院,有轩有廊,叠山点水,栽花种竹。面面有情,处处各异,不落造园常套,以整化零也。前人云"扬州以园林胜",而建筑则曲有奥思,非为过誉,我粗解园事,兴尽归来,举此四例聊作短篇,游者当不以浅论为非也,则于愿足矣。

一九八三年一月

村居与园林

我国广大劳动人民居住的绝大部分地区——农村,在居住的所在,历来都进行了绿化,以丰富自己的生活。这种绿化又为我国园林建筑所取材与摹仿。农村绿化看上去虽然比较简单,然在"因地制宜"、"就地取材"、"因材致用"这三个基本原则指导之下,能使环境丰富多彩,居住部分与自然组合在一起,成为一个人工与天然相配合的绿化地带。这在小桥流水、竹影粉墙的江南更显得突出。这些实是我们今日应该总结与学习的地方。在原有基础上加以科学分析和改进提高,将对今后改良居住环境与增加生产,以及供城市造园借鉴,都有莫大好处。

我国幅员辽阔,地理气候南北都有所不同,因而在绿化上,也有山区与平原之分。山区的居民,其建筑地点大都依山傍岩,其住宅左右背后,皆环以树木,我们伟大领袖毛主席的湘潭韶山冲故居,即是一个好例。至于平原地带村落,大都建筑在沿河流或路旁,其绿化原则,亦大都有树木环绕,尤其注意西北方向,用以挡烈日防风。住宅之旁亦有同样措施。宅前必留出一块广场,以作晒农作物之用。广场之前又植树一行,自划成区。宅北植高树,江南则栽竹,既蔽荫又迎风。鸡喜居竹林,因为根部多小虫可食,且竹林之根要松,经鸡的活动,有助竹的生长,两全其美。宅外的通道,皆芳树垂阴,春柳拂水,都是极妙的画图。这些绿化都以功能结合美观。在江南每以常绿树与落叶树互相间隔,亦有以一种乔木单植的,如栗树、乌桕、楝树,这些树除果实可利用外,其材亦可利用。硬木如檀树、石楠,佳材如银杏、黄杨,都是经常见到的。以上品种每年修枝与抽伐,所得可用以制造农具与家具。至于浙江以南农村的樟树,福建以南农村的榕树,华北的杨树、槐树,更显午阴嘉树清圆,翠盖若棚,皆为一地绿化特征。利用常绿矮树作为绿篱,绕屋代墙。宅旁之竹林与果树,在生产上也起作用。在河旁溪边栽树,也结合生产,如广州荔枝湾就是在这原则下形成的。池塘港湾植以芦苇,或布菱荷,如嘉兴的南湖,南塘的莲塘,皆为此种栽植之突出者。这些都直接或间接影响到造园。虽然园林花木以姿态为主,与大自然有别,却与农村村居为近,且经修剪,硬木树尤为入画。因此如"柳荫路曲"、"梧竹幽居"、"荷风四面"等命题的风景画,未始不从农村绿化中得到启发的,不过再经过概括提炼,以少胜多,具体而微而已。

对于古代园林中的桥常用一面阑干,很多人不解。此实仿自农村者。农村桥农民要挑担经过,如果两面用阑干,妨碍担行,如牵牛过桥,更感难行,因此农村之桥,无阑干则可,有栏亦多一面。后之造园者未明此理,即小桥亦两面高阑干,宛若夹弄,这未免"数典忘祖"了。至于小流架板桥,清溪点步石,稍阔之河,曲桥几折,皆委婉多姿,尤其是在山映斜阳、天连芳草、渔舟唱晚之际,人行桥上,极为动人。水边之亭,缀以小径,其西北必植高树,作蔽阳之用,而高低掩映,倒影参错,所谓"水边安亭""径欲曲"者,于此得之。至于曲岸回沙,野塘小坡,别具野趣,更为造园家蓝本所自。苏州拙政园原多逸趣,今则尽砌石岸,顿异前观。造园家不熟悉农村景物,必导致伧俗如暴发户。今更有以"马赛克"贴池间者,无异游泳池了。

农村建筑妙在地形有高低,景物有疏密,建筑有层次,树木有远近,色彩有深浅,黑白有对比(江南粉墙黑瓦)等,千万村居无一处相雷同,舟行也好,车行也好,十分亲切,观之不尽,我在旅途中,它予我以最大的愉快与安慰。这些景物中有建筑,有了建筑必有生活,有生活必有人,人与景联系起来,所谓情景交融。我国古代园林,大部分的摹拟自农村景物,而又不是纯仿大自然,所以建筑物占主要地位。造园工人又大部分来自农村,有体会,便形成可坐可留,可游可看,可听可想别具一格的中国园林。它紧紧地与人结合了起来。

农村多幽竹嘉林,鸣禽自得,春江水暖,鹅鸭成群,来往自若,不避人们。因此在园林中建造"来禽馆",亦寓此意。可惜今日在设计动物园时,多数给禽鸟饱受铁窗风味,入园如探牢,这也是较原始的设计方法。没有生活,没有感情,不免有些粗暴吧!

一九五八年

建筑中的"借景"问题

"借景"在园林设计中,占着极重要的位置,不但设计园林要留心这一点,就是城市规划、居住建筑、公共建筑等设计,亦与它分不开。有些设计成功的园林,人入其中,翘首四顾,顿觉心旷神怡,妙处难言,一经分析,主要还是在于能巧妙地运用了"借景"的方法。这个方法,在我国古代造园中早已自发地应用了,直到明末崇祯年间,计成在他所著的《园冶》一书上总结了出来。他说:"园林巧于因借。""构园无格,借景在因。""因者随基势高下,体形之端正,碍木删桠,泉流石注,互相借资,宜亭斯亭,宜榭斯榭,不妨偏径,顿置婉转,斯谓精而合宜者也。借者园虽别内外,得景无拘远近,晴峦耸秀,绀宇凌空,极目所至,俗者屏之,嘉者收之,不分町疃,尽为烟景,斯所谓巧而得体者也。""萧寺可以卜邻,梵音到耳,远峰偏宜借景,秀色可餐。""夫借景者也,如远借、邻借、仰借、俯借、应时而借"等。清初李渔《一家言》也说"借景在因"。这些话给我们后代造园者,提出了一个很重要的原则。如今就管见所及来谈谈这个问题,不妥之处,尚请读者指正。

"景"既云"借",当然其物不在我而在他,即化他人之物为我物,巧妙地吸收到自己的园中,增加了园林的景色。初期"借景",大都利用天然山水。如晋代陶诗中的"采菊东篱下,悠然见南山",其妙处在一"见"字,盖从有意无意中借得之,极自然与潇洒的情致。唐代王维有辋川别业,他说:"余别业在辋川山谷。"同时的白居易草堂,亦在匡庐山中。清代钱泳《履园丛话》"芜湖长春园"条说,该园"赭山当牖,潭水潆洄,塔影钟声,不暇应接"。皆能看出他们在园林中所欲借的景色是什么了。"借景"比较具体的,正如北宋李格非《洛阳名园记》"上环溪"条所描写的:"以南望,则嵩高少室龙门大谷,层峰翠巘,毕效奇于前。""以北望,则隋唐宫阙楼殿,千门万户,岧峣璀璨,延亘十余里,凡左太冲十余年极力而赋者,可瞥目而尽也。""水北胡氏园"条:"如其台四望尽百余里,而紫伊缭洛乎其间,林木荟蔚,烟云掩映,高楼曲榭,时隐时见,使画工极思不可图,而名之曰'玩月台'。"明人徐宏祖(霞客)《滇游日记》"游罗园"条:"建一亭于外

留园自明瑟楼北望可亭可画亭台,宜春院落。

池南岸,北向临池,隔池则龙泉寺之殿阁参差。冈上浮屠倒影波心,其地较九龙池愈高,而陂池罨映,泉源沸漾,为更奇也。"这些都是在选择造园地点时,事先作过精密的选择,即我们所谓"大处着眼"。像这种"借景"的方法,要算佛寺地点的处理最为到家。寺址十之八九处于山麓,前绕清溪,环顾四望,群山若拱,位置不但幽静,风力亦是最小,且藏而不露。至于山岚翠色,移置窗前,特其余事了,诚习佛最好的地方。正是"我见青山多妩媚,料青山见我亦如是"。例如常熟兴福寺,虞山低小,然该寺所处的地点,不啻在崇山峻岭环抱之中。至于其内部,"曲径通幽处,禅房花木深。"复令人向往不已了。天台山国清寺、杭州灵隐寺、宁波天童寺等,都是如出一辙,其实例与记载不胜枚举。今日每见极好的风景区,对于建筑物的安排,很少在"借景"上用功夫,即本身建筑之所处亦不顾因地制宜,或踞山巅,或满山布屋,破坏了本区风景,更遑论他处"借景",实在是值得考虑的事。

　　园林建筑首在因地制宜,计成所云"妙在因借"。当然"借景"亦因地不同,在运用上有所异,可是妙手能化平淡为神奇,反之即有极佳可借之景,亦等秋波枉送,视若无睹。试以江南园林而论,常熟诸园什九采用平冈小丘,以虞山为借景,纳园外景物于园内。无锡惠山寄畅园其法相同。北京颐和园内谐趣园即仿后者而筑,设计时在同一原则下以水及平冈曲岸为主,最重要的是利用万寿山为"借景"。于此方信古人即使摹拟,亦从大处着眼,掌握其基本精神入手。至于杭州、扬州、南京诸园,又各因山因水而异其布局与"借景",松江、苏州、常熟、嘉兴诸园,更有"借景"园外塔影的。正如钱泳所说:"造园如作诗文,必使曲折有法。"是各尽其妙的了。

　　明人徐宏祖(霞客)《滇游日记》云:"北邻花红正熟,枝压南墙,红艳可爱……"以及宋人"春色满园关不住,一枝红杏出墙来"等句,是多么富于诗意的小园"借景"。这北邻的花红与一枝出墙的红杏,它给隔院人家起了多少美的境界。《园冶》又说:"若对邻氏之花,机分消息,可以招呼,收春无尽。"于此可知"借景"可以大,也可以小。计成不是说"远借"、"邻借"么? 清人沈三白《浮生六记》上说:"此处仰视峰巅,俯视园林,既旷且幽。"又是俯仰之间都有佳景。过去诗人画家虽结屋三椽,对"借景"一道,却不随意轻抛的,如"倚山为墙,临水为渠"。我觉得现在的居住区域,人家与人家之间,不妨结合实用以短垣或篱落相间,间列漏窗,垂以藤萝,"隔篱呼取","借景"邻宅,别饶清趣,较之一览无遗,门户相对,似乎应该好一点罢。至于清代厉鹗《东城杂记》"杭州半山园"条:"半山当庚园之半,两园相距才隔一巷耳。若登庚园北楼望之,林光岩翠,袭人襟带间,而鸟语花香,固已引人入胜。其东为华藏寺,每当黄昏人静之后,五更鸡唱之先,水韵松声,亦时与断鼓零钟相答响。"则又是一番境界了。

　　苏州园林大部分为封闭性,园外无可"借景",因此园内尽量采用"对景"的办法。其实"对景"与"借景"却是一回事,"借景"即园外的"对景"。比如拙政园内的枇杷园,月门正对雪香云蔚亭,我们称之谓该处极好的对景。实则雪香云蔚亭一带,如单独对枇杷园而论,是该小院佳妙的"借景"。绣绮亭在小山之上,紧倚枇杷园,登亭可以俯视短垣内整个小院,远眺可极目见山楼。这是一种小范围内做到左右前后高低互借的办法。玉兰堂及海棠春坞前的小院"借景"大园,又是能于小处见大,处境空灵的一种了;而"宜两亭"则更明言互相"借景"了。

我们今日设计园林,对于优良传统手法之一的"借景",当然要继承并且扩大应用的,可是有些设计者往往专从园林本身平面布局的图纸上推敲,缺少到现场作实地详细的踏勘,对于借景一点,就难免会忽略过去。譬如上海高楼大厦较多,假山布置偶一不当,便不能有山林之感,两者对比之下,给人们的感觉就极不协调;假如真的要以高楼为"借景"的话,那么在设计时又须另作一番研究了。苏州马医科巷楼园,园位于土阜上,登阜四望无景可借,于是多面筑屋以蔽之。正如《园冶》所说"俗者屏之,佳者收之"的办法。沪西中山公园在这一点上,似乎较他园略高一筹,设计时在如何与市嚣隔绝上,用了一些办法。我们登其东南角土阜,极目远望,不见园外房屋,尽量避免不能借的景物,然后园内凿池垒石,方才可使游人如入山林。上海西郊公园占地较广,我以为不宜堆叠高山,因四周或远或近尚多高楼建筑。将来扩建时,如能以附近原有水塘加以组织联系,杂以蒹葭,则游人荡舟其中,仿佛迷离烟水,如入杭州西溪。园林水面一旦广阔,其效果除发挥水在园林中应有的美景外,减少尘灰实是又一重要因素。故北京圆明园、三海等莫不有辽阔的水面,并利用水的倒影、林木及建筑物,得能虚实互见,这是更为动人的"对景"了。明代《袁小修日记》云:"与宛陵吴师每同赴米友石海淀园,京师为园,所艰者水耳。此处独绕水,楼阁皆凌水,一如画舫,莲花最盛,芳艳消魂,有楼,可望西山秀色。"米万钟诗云:"更喜高楼(案指翠葆榭)明月夜,悠然把酒对西山。"此处不但形容与说明了水在该园林中的作用,更描写了该园与颐和园一样的"借景"西山。

园林"借景"各有特色,不能强不同以为同。热河避暑山庄以环山及八大庙建筑为"借景"。南京玄武湖则以南京城与钟山为"借景",而最突出的就是沿湖城垣的倒影,使人一望而知这是玄武湖。如今沿城筑堤,又复去了女墙,原来美妙的倒影,已不复可见了。西湖有南北二峰,湖中间以苏白二堤为其特色,而保俶、雷峰两塔的倒影,是最足使游人流连而不忘的一个突出景象。北京北海的琼华岛,颐和园的万寿山及远处的西山,又为这三处的特色。他若扬州的瘦西湖,我们若坐钓鱼台,从圆拱门中望莲花桥(五亭桥),从方砖框中望白塔,不但使人觉得这处应用了极佳的"对景",而且最充分地表明了这是瘦西湖。如今对大规

北海白塔

扬州钓鱼台内面面有景

模的园林,往往在设计时忽略了各处特色,强以西湖为标准,不顾因地制宜的原则,这又有什么意义可谈。颐和园亦强拟西湖,虽然相同中亦寓有不同,然游过西湖者到此,总不免有仿造风景之感。

我们祖先对"借景"的应用,不仅在造园方面,而且在城市地区的选择上,除政治经济军事等其他因素外,对于城郭外山水的因借,亦是经过十分慎重的考虑的,因为广大人民所居住的区域,谁都想有一个好的环境。《袁小修日记》:"沿村山水清丽,人家第宅枕山中,危楼跨水,高阁依云,松篁夹路。"像这样的环境,怎不令人为之神往?清代姚鼐《登泰山记》所描写的泰安城:"望晚日照城郭,汶水徂徕如画,而半山居雾若带然。"这种山麓城市的境界,又何等光景呢?是种实例甚多,如广西桂林城,陕西华阴城等,举此略见一斑。至于陵墓地点的选择,虽名为风水所关,然揆之事实,又何独不在"借景"上用过一番思考。试以南京明孝陵与中山陵作比较,前者根据钟山天然地势,逶迤曲折的墓道通到方城(墓地)。我们立方城之上,环顾山势如抱,隔江远山若屏,俯视宫城如在眼底,朔风虽烈,此处独无。故当年朱元璋迁灵谷寺而定孝陵于此,是有其道理的。反之中山陵远望则显,露而不藏,祭殿高耸势若危楼,就其地四望,又觉空而不敛,借景无从,只有崇宏庄严之气势,而无幽深邈远之景象,盛夏严冬,徒苦登陆者。二者相比,身临其境者都能感觉得到的。再看北京昌平的明十三陵,乃以天寿山为背景,群山环抱,其地势之选择亦有其独到的地方。至于宫殿,若秦阿房宫之复压三百余里,唐大明宫之面对终南山,南宋宫殿之襟带江(钱塘江)湖(西湖),在借景上都是经过一番研究的,直到今天还值得我们参考。

总之,"借景"是一个设计上的原则,而在应用上还是需要根据不同的具体情况,因地因时而有所异。设计的人须从审美的角度加以灵活应用,不但单独的建筑物须加以考虑,即建筑物与建筑物之间,建筑物与环境之间,都须经过一番思考与研究。如此,则在整体观念上必然会进一步得到提高,而对居住者美感上的要求,更会进一步得到满足了。

一九五八年

园林分南北　景物各千秋

　　"春雨江南，秋风蓟北。"这短短两句分明道出了江南与北国景色的不同。当然喽，谈园林南北的不同，不可能离开自然的差异。我曾经说过，从人类开始有居室，北方是属于窝的系统，原始于穴居，发展到后来的民居，是单面开窗为主，而园林建筑物亦少空透。南方是巢居，其原始建筑为棚，故多敞口，园林建筑物亦然。产生这些有别的情况，还是先就自然环境言之，华丽的北方园林，雅秀的江南园林，有其果，必有其因。园林与其他文化一样，都有地方特性，这种特性形成还是多方面的。

　　"小桥流水人家"，"平林落日归鸦"，分明两种不同境界。当然北方的高亢，与南中的婉约，使园林在总的性格上不同了。北方园林我们从《洛阳名园记》中所见的唐宋园林，用土穴、大树，景物雄健，而少叠石小泉之景。明清以后，以北京为中心的园林，受南方园林影响，有了很大变化。但是自然条件却有所制约，当然也有所创新。首先对水的利用，北方艰于有水，有水方成名园，故北京西郊造园得天独厚。而市园，除引城外水外，则聚水为池，赖人力为之了。水如此，石南方用太湖石，是石灰岩，多湿润，故"水随山转，山因水活"，多姿态，有秀韵。北方用云片石，厚重有余，委婉不足，自然之态，终逊南方。且每年花木落叶，时间较长，因此多用常绿树为主，大量松柏遂为园林主要植物。其浓绿色衬在蓝天白云之下,与黄瓦红柱、牡丹、海棠起极鲜明的对比,绚烂夺目,华丽炫人。而在江南的气候条件下,粉墙黛瓦,竹影兰香,小阁临流,曲廊分院,咫尺之地,容我周旋,所谓"小中见大",淡雅宜人,多不尽之意。落叶树的栽植,又使人们有四季的感觉。草木华滋,是它得天独厚处。北方非无小园、小景,南方亦存大园、大景。亦正如北宋山水多金碧重彩,南宋多水墨浅绛的情形相同,因为园林所表现的诗情画意,正与诗画相同,诗画言境界,园林同样言境界。北方皇家园林(官僚地主园林,风格亦近似),我名之为宫廷园林,其富贵气固存,而庸俗之处亦在所不免。南方的清雅平淡,多书卷气,自然亦有寒酸简陋的地方。因此北方的好园林,能有书卷气,所谓北园南调,自然是高品,因此成功的北方园林,都能注意水的应用,正如一个美女一样,那一双秋波是最迷人的地方。

我喜欢用昆曲来比南方园林,用京剧来比北方园林(是指同治、光绪后所造园),京剧受昆曲影响很大,多少也可以说从昆曲中演变出来,但是有些差异,使人的感觉也有些不同。然而最著名的京剧演员,没有一个不在昆曲上下过功夫。而北方的著名园林,亦应有南匠参加。文化不断交流,又产生了新的事物。在造园中又有南北园林的介体——扬州园林,它既不同于江南园林,又有别于北方园林,而园的风格则两者兼有之。从造园的特点上,可以证明其所处地理条件与文化交流诸方面的复杂性了。

现在,我们提倡旅游,旅游不是"白相"(上海方言,玩),是高尚的文化生活,我们赏景观园,要善于分析、思索、比较,在游的中间可以得到很多学问,增长我们的智慧,那才是有意义的。

谈谈色彩

　　人们都有一双眼睛,除掉色盲者外,没有一个不能辨五色的。但是这五色是太奇妙了,它能变幻成千姿百态,迷惑住世界上的每一个人,这色可能是世界上最美的东西吧!但是色在各种事物上的反映,是那么的多样,有美有丑,人们在选择时,又是各尽所需,各有各的爱好,大有"萝卜青菜各人各爱"。我是喜欢阅人的,尤其这几年来,人们的时装是多样化了,而色彩亦品类繁多,有许多服式与色彩看去很顺眼,但是有些却令人作呕,这又为什么呢?我们现在不妨来谈谈。

　　从动物来谈起吧,动物不论走兽、飞禽,它的皮色与羽毛,其色彩不是凭空而出来的,是由所生长的环境与保卫自己生命的需要而产生的,因此北方的动物的色彩便不及南方动物来得丰富多变,感到单调多了,你看鹦鹉生长在植物茂盛的地方,其羽毛颜色够娇鲜动人。这个极普通的原理,我们用以来衡量服装色彩,某些地方亦有参考价值。香港这地方,在一部分人看来是够向往的地方,因此他们的"先进"东西便是"学习"的榜样了。可是香港地处我国华南,气候属亚热带,当然在各方面色彩都反映了地方的特征,一望而知是南国产物,而有些人却不加分析地来模仿了,于是大红大绿代替了雅淡的吴中服式。就是连冰天雪地的东北也出现了香港式姑娘,这不顺眼的色彩出现,就是对色彩的地方性疏忽了,盲目地搬用并不符合色彩的科学性的。

　　服色是如此,建筑色彩又何尝不如此呢? 江南的粉墙黛瓦就是适应软风柔波垂柳的小桥流水,而用北方宫殿建筑的红墙黄瓦也就与环境格格不相入了。江南民居、园林的那种雅洁的外观予人以明快的感觉,该是大家所留恋的吧! 如今许多江南中小城市都用上了红砖,我有次在常熟城市规划会议上,大呼"火烧常熟城"引得大家发笑,这炎热的江南夏天,居民怎受得了? 可是建筑材料部门就是不肯烧青砖,那又有什么办法呢? 群众不喜欢的色彩,又何必强加于人呢? 可见,重视色彩学并不是那么可忽视的。

　　园林呢? 色彩是最丰富了,有建筑的色彩,树木的色彩……北方皇家园林的金碧辉煌之气,江南园林清逸素淡之景,它在建筑上的色彩区分有别,而树木亦是不同样地应用。北方寒冷落叶早,为了不使园林景色感到枯寂,多用松柏长绿树,这与蓝天白云,红墙黄瓦,在色彩的对比与调和上下了功夫。而江南园林,则栽上大量落叶树,因为落叶树能见四季,夏蔽阴而冬受阳。从芽叶直到枯枝,予人以不同的美的享受。正如北方的服装,从种类到颜色比较简单一些,江南便要从单衣到夹衣、棉衣等等,品种是多了。色泽呢,也由浅入深,多样化了,这些是与环境气候有关的,我们如果违背这些原则,就会使人不顺眼。顺眼是我们习见的东西,来适应我们的感觉,并非是没有一些根据的。

　　色彩学并不是一门太专门而人不可习的东西,也不是美学家与美术家专利的东西,我们应该将美学上的一些普遍原理与我们的日常生活联系起来,那我们的文化水平便高了,有了文化便产生得出高尚的情操,脱离了低级趣味,我们能有所选择,能正确采用,那事便好办了。什么是美,真便是美,实事求是,老老实实能反映出地方特性,适应环境,符合我们切身的需要。希望大家对色彩多做点具体分析,那我们是能够享受到美的生活的。

鬓影衣香

　　"鬓影衣香"、"云想衣裳花想容"以及"好花须映好楼台",文学中这些辞句与学问够迷人的了。如今大家在谈"流行色",这"流行"两字不是固定的,而是在变的,什么色彩都没有绝对的美,绝对的不美。美的用得不当可以变成丑,丑的点缀得好亦可变成美。龙算得难看了,可是艺术家笔下的龙能够入画,蝙蝠其貌不扬,而百福(蝠)图却是人人所爱好的。狮子亦算凶了,但石狮子却亲切迎人。因此对于颜色来讲,这是一门学问,不能仅从穿着的本身来看。好花能映好楼台,但如果楼台半倾,好花也是枉然。讲得要求高一点,什么房间,什么墙壁,什么沙发,配上什么颜色服装,方是得当,颇费商量。老实说赴宴所穿衣服也不容易啊!过去皇帝的服色与宫殿是配合的,游园的服色也是应时的。我记得从前游园,晨服所织牡丹未放,午装花正盛开,晚装花显睡容,那可真算得煞费苦心了。时也者,天时、环境、气候……打扮二字,是要有学问的。人家穿来好,自己未必好。托人代购衣服,只要名牌店家,这是最愚蠢的事。

　　苏东坡有两句诗:"贫家净扫地,贫女巧梳头。"说得太好了。他指出净与巧两个字,亦就是说,清洁、巧妙是美的关键,雅是基本原则。无声胜有声,无色胜有色,无味胜有味,这是美学上的高度境界。能淡妆才能浓妆,得其巧,淡妆反见美,反之浓妆更见丑。聪敏的人总是在色彩上抱谦逊的态度,色彩打扮不过度,所谓中庸之道,方能适应各种场合。多少年来大家讲辩证法,讨论相对论,然而一到事物中,往往形成机械论,看不到复杂的事物变化。五色令人目盲,我们要善于分析,善于比较,从穿衣的色彩一门寻常事物中,可以启发深思很多问题,教人变得聪敏,安排事物做得更巧妙。

我是一个书生,落拓江湖,不爱穿着。然而我欢喜欣赏人家的穿着。品评穿着的色彩,从色彩中往往可以见到那个人的性格,以及其文化水平如何,从中给我很多思考的东西。港游归来,饱看香岛服色,五花八门,更认为此项研究,为大学问也。想到哪里,写到哪里,这也算"流行色"随笔吧。

豫园顾曲

　　最近这一年多来,为了豫园东部的设计与施工,几乎隔日在乍现水石风光的工地上,回到家中,一个人在小斋沉思,园景曲情,徘徊周旋在我脑间,我幻想着在明代,当时的亭廊水榭如何?这些建筑中又怎样传出了婉转的曲声歌喉,笛韵人情,那种雅淡高洁,明代人的园林意境,如何重新表达出来,的确是耐人寻味与深思,往往在安排一门半墙,一湾曲水,都环绕着在景之外,如何能与曲境相配合。我曾说过,园境即曲境也,而曲又在园中演唱,景又烘托曲的效果,使景与曲交融着,表现出实中现虚,虚以托实的手法。

　　明代园林离不开顾曲,这个问题今人每每忽视,仅言诗情画意,而忘却了曲味,老实说我爱好园林,却是在园中听曲,勾起了我的深情的,到今天我每在游客稀少的园子中便仿佛清歌乍啭,教人驻足,而笛声与歌声通过水面、粉墙、假山、树丛传来更觉得婉转、清晰、百折千回地绵延着,其高亢处声随云霄,其低回处散入涟漪,真是行云流水,仙子凌波,陶醉得使人进入难言的妙境。俞平伯先生说得好:"我屏息而听,觉得胸膈里的泥土气,渐渐跟着缥缈的音声袅荡为薄烟为轻云了。"俞先生是文学界老前辈,又是一门酷爱昆曲,可说是昆曲世家,过去他还住在北京老君堂的室中,我们住在院子中拍曲,桐荫深处,新月初升,这种使人难以忘怀的景象,到今日还欲去还来,逡巡在脑际,这是中国文化与文学的高度享受。

豫园小戏台

　　似乎我在考虑豫园设计时，已超出了今日设计园林常规，在顾曲上做文章了，但是无可否认的，功能要影响形式的，因为明人，在园子中要拍曲，在建筑与水的关系上是特别注意的，因此建筑物用卷棚顶，又且临水，这是拍曲听歌的好地方，我在这次豫园东部的重建时，就紧紧地安排这种场合，所以建筑中厅廊亭皆临水、依水、面水，可以说无一处不宜拍曲。就是水廊也有砖砌平顶，这样使声响效果好，至于曲折高下，水石萦回，都能体现出曲的婉约细腻的特征，我自己这样想，不久建成后，我将邀上海昆剧团华文漪、梁谷音、岳美缇等来园一试，她们三人来仅有顾兆祺一支笛，凭着几位的珠喉，唱得实在动人了，处处与园林景物节奏相符，这种一笛的清唱，纯洁、冷峻、沁人心脾，比舞台上更亲切、恬静，演唱者与听者一点隔阂也没有，文漪的婉约，谷音的爽朗，美缇的雅秀，曲似其人，人如其曲，她们雅爱园林，深知园林美与昆曲美，因此沉醉在《牡丹亭》《玉簪记》《西厢记》等以园林为背景的曲情中，真是我们园林工作者不妨一试的事物。

　　中国园林张灯，为古来盛事，诗文中咏之者极多，苏州网师园张灯，万人空巷。豫园今后也要张灯,人影衣香,缥缈于楼台泉石之间,水边闻笛,花下听歌,真正欣赏一下中国园林的妙处。

豫园又移建了一座古典戏台,那在上海是最典雅与精致了,将来打算在这里演昆剧,目前正在设计戏楼,将在第三期工程中进行。到建成后,豫园顾曲与演剧必成为一个最精彩的旅游项目,用来欢迎招待世界各国朋友,观看这中国的莎士比亚。想来为期不远了。

豫园四百周年前夕

以园解曲　以曲悟园

　　园林与昆曲本是同根的姐妹行,园景与曲景不可分也。古来大曲家又是大园林家。清代的李渔(笠翁)可说是曲、园两界大家所知晓的。近几十年来,受了西方的影响,对我国固有的传统渐渐淡忘了,昆曲界除了俞振飞先生外,几乎很少人过问了。前几年我写了一篇《园林美与昆曲美》,俞老拍案叫绝,他说你救了园林,救了昆曲。这个道理说了出来,将使两种艺术,又重现了相互光辉的前途。当然知音之感,我是忘不了他的卓见。如今这两界的人,渐渐清楚了,苏州诸园与上海豫园纷纷以昆曲进园,平添了园林雅事。造园工作者也知道昆剧的艺术,不论身段、唱腔、唱词,莫不对造园大有启发。而昆剧的一些名演员,又都常常信步园林。如今"以园解曲,以曲悟园",梁谷音便是钟情山水,知己泉石的一位,确是聪明人。

　　近两年来我主持上海豫园东部重建工程,几乎天天在园中,梁谷音经常来,看我叠山理水,建廊添楼,兴趣特别好,虽然盛暑不辞辛苦。我问她,你干劲为什么这么足,她说造园等于排戏,在排戏中可以看出名堂来,造好后等于演出,过程与辛苦,如何推敲,都看不见了,真说得到家。豫园占地仅七亩,是小园,她以折子戏的严谨性,来观察造园时布局安排的周密与逻辑。一山一木,一亭一榭,无异舞台上一举一动,一词一句,而园林的韵律,曲折高下,又同昆曲无二致。因此她看得细,有时提出点问题和看法,对我有很大帮助。反过来这样的探讨我倒又从她那里学到了很多曲理。为了观察廊子与水面,以及堂轩中的声音效果,她歌喉乍啭,用以证实在园中唱曲时的音响是否理想,因为中国园林中必顾曲,所谓声与景交融成趣的。她喜欢观鱼,往往以食为饵,斜倚水廊,静看游鱼的动态,她体会到鱼在水中,其灵活自如,正如演员在台上的台步,要轻灵,有规律中似乎无规律,无规律中却有规律。走过假山石旁,口中哼起《牡丹亭》"惊梦"的"转过这芍药栏前,紧靠着湖山石边"的唱词,在粉墙下又唱起《玉簪记》"情挑"的"粉墙花影自重重,帘卷残荷水殿风"。我看她如醉如痴,确实园林对一位昆剧表演家来说,起了极微妙的作用。她又特别关心豫园正在建造的专演昆剧的古戏台戏楼,自己爬上脚手架去,与工人们一起商量研究,希望建成为中国昆剧演出基地。她说这样真使人体会到"园林美与昆曲美"了。

曲要静听,园宜静观,观之才有得,梁谷音的舞姿是那么玲珑活泼,吐纳曲词,又那么清脆婉转,而在赏园品园上,却沉静凝神,若有所思,是将两种艺术作为融会的学习。她随我学园,是现代昆剧界第一个人,她以此充实提高她的昆剧艺术,将为昆剧更好步出新的境界。

以小诗报谷音一笑!

　　才人妙解痴人语,
　　未必景情异曲情。
　　品石拈花才一笑,
　　曲园本是同根生。

顾曲名园中

——豫园古戏台观昆剧

上海豫园古戏台建成，人们誉之为"江南园林第一台"。作为一个设计者来讲，真可谓感愧交并。"闲中歌管，老来泉石。"原是我近年来思念丧妻亡儿，无可奈何寄托感情之处，我以园为家，以曲托命，如是而已。

豫园东部重建成，古戏台也落成了，我几乎每天都在园中，补石栽竹，成为我的日课。这一周多来，上海昆剧团在古戏台首次演出，园林清音，平添佳话，虽不能说"万人空巷"，但吸引了上海的外宾，他们说我们真正欣赏到中国文化了，"园林美与昆曲美"都享受到了。夕阳西下，倦鸟归林，三五游人缓步从园林中进入古戏台，回廊周接，一台耸出，整齐的石板庭院中，呈现了恬静适人的境界。再看楼外是树影山影，流水小桥，两者结合得那么秀雅妥帖。

多少年来观剧是在新型舞台，按位入座，各占一席，连动也不许动，极严格地规定你必须就范。而古戏台呢？两边有看楼，称之为"包厢"，中间院中，称为"散座"，用此分出观剧的等级。正对戏台的主楼，豫园称"还云楼"，便是招待主客了。过去男女有别，女宾席外侧还要垂帘，这种古代观剧，如今在豫园尚能享受得到。

园林之佳者，在于"少而精，以少胜多"，昆剧之美，正与之相合。古戏台演剧，多为折子戏，人数不多，同园林一样有高度概括性，舞台不宜大，仿佛画中尺页小幅,不能用油画的大镜架,因此古典折子戏一上新型舞台便感到不称,在古戏台中演出看上去很顺眼、很得体,尤其古戏台顶部呈圆形,音响极美,不用扩音器效果也很好,而看台又都用砖砌卷棚顶,更消除了杂音,听来十分清润,在剧场可行可坐,品茗小饮,十分自由,空气也清净,明月在天,凉风拂袖,歌韵撩空,有闲云野鹤,去来无踪的感情出现。园林之美,在于"秀韵天成",昆剧之美也正如此,要曲雅有书卷气,是高度文化的表现。梁谷音白天忙于《潘金莲》一剧的排练,晚间还天天在豫园演出,一丝不苟。梁的"佳期"观众说她是活红娘,她获戏剧梅花奖演的就是这一折戏,在古戏台上演,可说锦上添花。我屏息凝神,看她载歌载舞,如入幻境。这种戏只有在古戏台中效果方出,如果在新型的大舞台上,便觉得逊色且不够突出了。同样,岳美缇的"偷诗",计镇华的"扫松",亦都如此。外国人在观剧,我很注意,他们中有的是来中国学建筑园林的,也有学戏曲史的,学文学的等等,看得都很认真,拍手也热情真挚,剧终上台与演员交谈,摄影留念,并说"园林、昆剧、黄酒"代表与象征着中国文化,在豫园观剧,三者享受了。这是到中国来最大的收获啊!

说"屏"

　　"屏",我们一般都称为"屏风",这是太富有诗意的名词了。记得童年与家人纳凉庭院,母亲总要背诵那句"银烛秋光冷画屏,轻罗小扇扑流萤"的唐人诗句,够消魂了。后来每次读到诗词中的咏"屏"佳句,见到古画中的"屏",更令人向往。因为研究古代建筑,更接触到这"似隔非隔"、在空间中起着神秘作用的东西,实在微妙。我们的先人,能在"屏"上做这种功能与美相结合的文章,怪不得今日世界上,外国人还齐声称道着,关键是在一个"巧"字上。

　　"屏"有室内室外之分,过去的院子或天井中,为避免从门外直望见厅室,必置一屏,上面有书有画,既起分隔作用,又有艺术处理,而空间实际还是流通,如今称为"流动空间",并且还具挡风的作用。小时候厅上来了客人,就先在屏后去望一下。尤其旧社会有男女之嫌的,对方不能露面,必得借助屏风了。古代的画中常见到室内置屏,它与帷幕起着同一作用。在古时皇家的宫廷中,屏就用得更普遍了。"屏山几曲篆烟微,闲庭柳絮飞。""曲曲屏山,夜凉独自甚愁绪。""画屏闲展湖山翠。"这些皆在屏上做文章,描绘出了建筑美。

　　从前女子的房中,一般都要有"屏",屏者障也,可以缓冲一下通道与视线,《牡丹亭》"游园"中有"锦屏人忒看得韶光贱",用锦屏人来代表闺女。当然由于屏的建造材料,与其装饰华丽程度,有金屏、银屏、锦屏、画屏、石屏、木屏、竹屏等等的名称,在艺术上因而有了雅俗之分,同时也显露了使用人的经济与文化水平。

屏也有大小之分,从宫殿厅堂、院子、天井,直到书斋、闺房,皆可置之,因为所处地点不同,自然因地制宜、大小由人了。近来我也很注意屏的应用,在许多餐厅、宾馆中也用得很普遍,可是总勾引不起我的诗意,原因似乎是造型不够轻巧,色彩又觉伧俗,绘画尚少诗意。这是因为没有认识到屏在建筑美中应起的作用,仅仅把它当作活动门板来用的缘故。其实,屏的设置,在与整体的相称、安放的地位与作用、曲屏的折度、视线的远近等等,均要做到"得体"才是。

那么,屏是够吸引人了,"闲倚画屏"、"抱膝看屏山",也够得一些闲滋味,对恢复紧张的工作疲劳,未始不能起一点文化休憩的作用。聪敏的建筑师、家具师们,以你们的智慧,必能有超越前人的创作,则我的小文,岂徒然哉!

说"帘"

　　初夏天气,窗前挂上了竹帘,小斋的境界,分外地感到幽绝,瓶花妥帖,十分宜人。这小天地起了变化,还不是这帘在起左右吗!

　　说起帘,这在中国建筑中是起着神秘作用的东西,与其说得率直点,所谓诗情画意,而诗情画意又非千篇一律,真是变化无端。上个月老妻去世了,"碧楼帘影不透愁,还是去年今日意。"去年的今日,她卧病家中,而今日已是人去楼空。我踏入她的卧室,见了帘影依然,就吟出了古人这句词来。与那句"重帘不卷留香住"的少年情怀,真是伤心人唯有自家知了。

　　帘在建筑中起"隔"的作用,且是隔中有透,实中有虚,静中有动,因此帘后美人,帘底纤月,帘掩佳人,帘卷西风,隔帘双燕,掀帘出台,等等,没有一件不教人遐思,引人入画。

　　记得在"文革"中失去的数十封女作家凌叔华写给诗人徐志摩的信,是用荣宝斋特制的花笺,画的是帘影双燕,毛笔小楷出之,文情令人魂销。当年的作家们是如此高雅绝俗,而今事隔几十年,她远客英伦,八十多岁的老人提起此事,还分明记得呢!

　　"垂帘无个事,抱膝看屏山。"古人在建筑中,帘与屏两者常放在一起,都是起不同的"隔"的妙用。帘呢? 更是灵活了,廊子里、窗上、门上、室内,有了它,就不一样,慈禧太后垂帘听政,也要装上帘;外国妇女的面纱,也仿佛是帘。因帘而产生了许多故事:"珠帘寨"、"水帘洞",以及一些因帘而产生的许多韵事,真是洋洋大观。我说,帘与恋音同,帘者恋也,因物生情,也可说是帘的妙解了。

"隔帘双燕飞"是我在儿时最爱欣赏的画本。如今城市空气污染,燕子绝迹了,闷人的塑料窗帘,清风畏至。而帘呢?珠帘太豪华,徐森玉老先生告我,清代的山西老财家,还是用它。水晶帘没有见到过,那最细的要算虾须帘,如今已入著名博物馆。单就湘帘、竹帘来说,通风好,隔景好,帘影好,遮阳好,留香好,隔音妙,而且分外雅洁……几乎好说有帘如无帘,可说是有景与无景,静止的环境,产生了动态,而动态又因声、光、影、风、香……等起了千变万化的幻境,叹为妙用啊!

帘的美,还要配合着帘钩、帘架,"百尺虾须上玉钩。"虽未说出什么帘架,想来也不会太寒酸的。至于"草色入帘青",疏帘听雨,那也必然是很雅洁的竹帘了。"珠帘暮卷西山雨",只能在滕王阁上方得体。帘上绣花的绣帘,缺少空透,棉帘、布帘,只求实用。而帘上画画称画帘,但我总不太欣赏它,似乎多此一举,用假景来扰乱真情了。素帘起的变化,那真是移步换影了。

贝聿铭香山饭店设计建成,邀我小住,窗上装有竹帘,这迷人的山居,添上这迷人的帘影,不愧为出于大师手笔,他对中国文化是有深厚的感情,小至一帘,也不肯轻易放过。我在录音机中放出了昆曲《琴挑》,华文漪的那句"帘卷残荷水殿风"唱词,正仿佛帘动风来,客中寻趣,我则得之了。

今日的建筑师、园林师们,似乎将帘已抛出九霄云外了。我总感到中国人的用帘,不仅仅是一个功能问题,它是蕴藏着深厚的文化在内。

说"影"

老妻离开了人世已两个月,上周我将她的灵藏送去了葬地,默默地作别,口成:"花落鸟啼春寂寂,树如人立影亭亭。"墓地上有一棵枫树,我悄立在树影下,偶尔传来一二声鸟叫,环境凄恻得令人泪下,这联便是深刻印象的写实。

影这个神秘的东西,虚得令人可爱、可歌、可泣,它在不同的环境中幻成不同的感触,如果文学中没有一个影字的话,那不知多少名作不存在了。宋代词人张子野,人称他为张三影,就是巧妙地在三个不同场合中,灵活运用了三个"影"字,遂成千古绝唱。

在中国园林中,构景有虚有实,而影呢? 又是虚景中的主要角色,文学中描绘的影,用到造园上去,而园林中的影又产生文学作品。虚的美往往比实的美来得更动人。精神的高尚情操则又比"实惠"来得有意义。我这个人似乎太不近人情了,爱赏云、听风、看影、幻想、沉思,而影呢? 则又是其中最使人流连的。

"花影压重帘"、"云破月来花弄影",当然是名句了,如果有心的话,多看一些文学作品,以影而成名的,真不乏其人。朱自清先生的《背影》不是在近代文学创作上的不朽之作吗! 从花影、树影、云影、水影,以及美人的倩影,等等,能引入遐思,教人去想。能够想的东西,至少值得难舍难抛的,"五七干校"的生活,回忆起来还是心有余悸,但是歙县山居的斜日梨影、初月云影、练江波影、黄山山影,以

花影入画廊

留园西楼
琐窗淡淡花影薄。

及村上的人影，我常常独坐中对这些景物在神往中，大自然中的变幻是世上最美丽、而难以描绘的图画。

聪敏的建筑师，是最懂得影的，檐下的阴影、墙面凹凸的块影、壁面的竹影、花影等等，绝对不肯轻易放弃而使建筑物趋于平直。因此国外的建筑物摄影，总是用黑白片来拍摄，它的效果要比彩色片来得清，真正地能够表达建筑美。

爱打扮的女人们，如今在眉间眼上，要抹深色的化妆品，使阴影加深，眉眼的变化更妩媚动人，尤其在灯幻下更显出那秋波一转的风神。

摄影家爱利用侧光、阴影，画家喜用水墨、素描，充分发挥光影效果。我从前拍摄过一张拙政园照，集宋词题了"庭户无人月上阶，满地栏杆影"。这样一点园林的诗情画意出来了，这两句宋词不也是由影所联想起来的吗？

我爱疏影、浅影，最怕黑影。小城春色，深巷斜影，那半截粉墙，点缀着几叶爬山虎，或是从墙内挂下来的几朵小花，披着一些碎影，独行其间，那恬静的境界，是百尺大道上梦想不到的。我曾徘徊在纽约香港大楼下，享受过黑影的忧郁、冷酷、沉闷，触动了我乍起的乡愁。如今我们新村也高楼林立了，那一片片的黑影，拒绝了我信步的雅兴，神秘而富有诗意的影，如今渐渐地趋向不讨人欢喜了。

夜凉如水，孤灯荧荧，随笔写了这些"影"话。"影"是美的不可缺少的组成部分，是虚的美，可是我们往往是注意得不够，相反电光、霓虹灯，用人为造成了许多近乎庸俗的景观，使人感到刺激太过，不能不引以为戒，这其中可能有值得很多深思的地方，恕我不多赘了。

园林与花木搭配相得益彰

我国园林于植物配置一节，不能以西洋绿化原则衡之。其首要者必通中国古代画理，明入画与不入画之关键所在，此根本也。山石者，山水画之实物；花木者，花卉画之真本。一真一假。故花木之倚山石，老树修竹之相呼应，亦即以天空、粉墙、建筑物等为素笺，经画家之组合，然后跃然于笺上，移步换影，幅幅丹青矣。故园林之画家，实造园家耳。至于平时剪裁，其高下之相称，姿态之屈伸，宜删宜留，必经反复审视，决不能就树论树，必前后左右，高低上下兼顾，正如作画之布局，煞费经营也。盖中国花木侧重孤赏，尤重姿态，正如戏曲音乐之独唱，首重旋律，书法绘画先观用笔，其原则一也。殆亦我国民族风格之特征耶？即令枝干配合，亦如画之组合，绝不能草率从事，一枝一木皆起作用。故一树乱修，一园景损，其出入有如此者。过去名园中其植树栽花有师某家画意组成者，有仿某某园者，下笔审慎，图裁一也。甚至为移植一名花嘉木有毁墙拆屋几费周折，用心费力可谓极矣。观今日苏州拙政园、留园及无锡寄畅园诸老树已死，园顿失色矣。此道明人计成言之甚详。杨廷宝先生昔营宅金陵，选地必求有大树，然后就其隙地建屋，真行家之举也。北京和平宾馆原为那桐园之一角，有古木合抱，设计前周总理指示必保留古木，后杨先生设计将其组合在内，锦上添花，为宾馆生色，诚足可范者。

景德路慕家花园一角
柳上斜阳红万缕,烘人满院荷香。

　　我国园林花木,入画为先,孤赏为主,组合成图,已述之于前,以园林多封闭,
面积又紧凑,故"空灵"二字为造园之诀。花木尤重姿态,以少胜多,叶枝透漏,今
人所谓有空间感也。其法空其下部,枝干脱脚向上发展,即建筑物在前者亦不碍
视线。而亭亭如盖,爽气自来,且亦不占底部空间,而景物层次增多。补白植物,
如书带草、幽篁之属,前者伏地而不上长,后者疏秀而不丛集,必有透漏之感。而
植物宜瘦不宜肥,鲜有蠢干阔叶而适于奇峰怪石间者。白皮松之独步我国园林,
盖叶具松秀,干多古拙,虽年少已是成人之概。杨柳原亦植于园中,古代诗词中
屡屡见到,且有万柳名其园者,但江南园林则罕见之,盖江南园林占地甚少,且柳
树濒水,生长至速,叶重枝垂,不但顿塞空间,且阻视线,画意难述,空灵不逮矣。
而北国园林,柳树高挺,别饶风姿,树南北虽同,趣味殊异,反增空间之感,而长条
婀娜,柔情万千,为园林生色不少,故具体事物具体分析,不能强求一律也。谓南
方园林不植杨柳,因柳树短命不吉所致,此未明画意诗境,听人之盲谈也。

天意怜幽草

　　这几天正是秋爽宜人，一年中最明洁的天气，无论从书斋中望到小院，或是漫步在庭园内，那高、雅、静的境界，使我从身边的书带草，脚下卵石的小径，远处的疏林芳草，以及点缀在草边的杂花黄菊，够野逸无华了，令人感到超然物外，仿佛闲云野鹤，去来无踪，任我闲行、闲步，也容我随意闲坐，任我闲思。偶然走到水边，那清澈澄莹的小流，绿得比翡翠更玲珑的菱荇，与我的心一般荡漾在柔波里，天上的白云会在水底浮动，我的瘦影会在云中出现，十分亲切，我见到了自己，那双鬓的白发，就是我逝去岁月的痕迹，在这些痕迹上也就是我自己检点在这世上的功过，有那几分尽了我应尽的责任，照出了我自己亦就是鞭策我自己。少年之头已是等闲白了，"天意怜幽草，人间重晚晴"。该如何地珍惜自己，更努力为人民多做点事吧！

　　我尤其爱这墙阴石隙间的书带草，它谦虚地愿做造园中的配角，因风披拂，楚楚有致，发挥了园林中不可思议的作用，如今我们将它群植了，一片葱翠在华丽的大楼下，在树底花前，已成为土地上覆盖最好的植物。我爱这种草，曾用它来做我小集之名（《书带集》，广州花城出版社出版）。它终年长青，不畏炎热，不怕严寒，在冬天白雪飘在上面，点点有如缀银，而细雨微阳，却又是最宜的生长环境。它适应性特别强，真是无处不宜。过去园林中用它来"补白"，来修正假山的

瞻园书带草及铺地

缺陷,花径的平直,正如过去老人家牙齿落后非留上胡须一样(当然现在老人可装假牙,胡须亦不留了),可见世界上有许多道理都是彼此相通的。秋天的清晨露水湿润,书带草绿得沉郁发光,松秀得如翠绒初展,多美丽的一幅大地毯。而那些稀疏地点缀在小景旁的,则又那么潇洒,有兰叶的秀劲,而无其娇养的贵态,它能随人、依人,小孩子尤其欢喜它,不禁使我回忆起五十年前故园中的往事,这些小草,永远在我脑海中起了难以磨灭的印象。我爱它的性格,长青不变,处处适应,在待遇上是最低的要求,在服务的对象上,没有地位高低的差别,因此我们的祖先用它来作为造园的重要植物,非仅其用,实颂其德。可是一百多年来,因受外来造园的影响,绿篱占领了它的地位,书带草几乎退出了园林,专门以其根为药料了(又名麦冬根),不用其才,而食其肉矣,那是太委屈了。近几年来我提倡了它,显著地为广大园林工作者采用了,渐渐地也在出头了,而且大众是十分喜爱它,因为它的那种温柔敦厚朴素大方的美态,却是民族风格的特有象征。写到此想到了那句"长亭道,一般芳草,只有归时好"。天涯游子,顿起祖国之思,并非无因,亦情之所钟也。

一九八三年十一月十日

蕉叶钟情

"红了樱桃，绿了芭蕉。"文学家运用了红绿的对比，描绘了初夏景色，是够美丽的了，成为千古名句。但是"霜叶红于二月花"，秋蕉还比春蕉更葱翠，秋来的景色，比春日还要明洁雅静。窗前的两棵芭蕉，这几天实在太诱人了，蕉叶绿得仿佛上过油彩，秋阳下照得有些透明感。片片舒卷得那么从容自在，因为无风无雨，每张叶子可说是与中秋月亮一样完整无缺。古代秋装仕女图名画家改七芗、费晓楼等就是用蕉叶衬托倩容的，用笔轻盈自然，敷色往往在叶绿上略施淡石绿，实在太娇艳欲滴，但色泽却没有一点脂粉气，清新极了。这几天我对秋蕉频频顾盼，沉醉在绿波中。

人们对艳丽富贵的色泽花朵，以及其他的东西，总是喜爱的人多，而对一种单纯的美，往往是曲高和寡。这也难怪，对美的欣赏总是由低级发展到高级，由绚烂归于平淡，由显露渐入含蓄，这几乎是一种规律。而且"淡是无涯色有涯"，庭园中长期能给人受之不尽的还是绿色，它比较恒久，"养花一年，看花十日。"世界上没有不谢之花，唯此绿意，可作长伴了。我在树叶欣赏上，学到了做人的哲理。

芭蕉在南方几乎四季常青，栽植容易，山隈水际，阶前墙阴，处处皆宜，覆盖面积大，吸收热量大，叶子湿度大，因此蕉荫之下，是最美丽的小坐闲谈之处。古

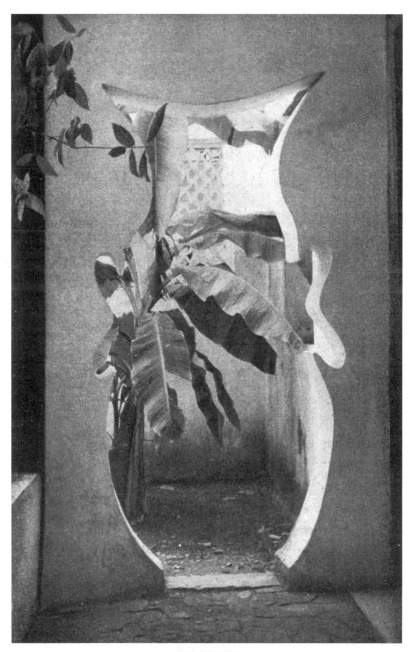

沧浪亭瓶形门
芭蕉笼碧砌，秋声先到帘栊。

人在廊子或书房边种上芭蕉,称为蕉廊、蕉房,饶有诗意,在它的旁边配上几竿竹,点上一块石,真像一幅元人的小景。小雨乍至,点滴醒人,斜阳初过,青翠照眼,在夏日是清凉世界,在秋天是分绿上窗,至于雨打芭蕉、雪压残叶,那更是诗人画家所向往的了。

留园揖峰轩前小院
深竹户,小山房,浓绿交阴,芭蕉几阵雨。

我们园林工作者,对绿化一事,有近期与远期两项打算,是要相互结合的,只放眼远期,待大树成长,不知是何年何月,要解决目前绿带,那必须依靠那成长发育快的植物品种。在江南造园中成效最速的要推竹子、芭蕉与书带草了,这三种植物是雅品,非俗类,皆能入画、进诗,可说是快速造园的特效品,小园称意,大园亦宜,“见缝插绿”,随意安排,自成清趣,从经济投资来讲,也是价廉物美的。我们的祖先,在净化空气、点缀景物上,总是从实际出发,而达到美的境界。我希望如今大力开展绿化与园林建设的时候,这种先例还是值得推广的。

不过还要指出,蕉宜墙阴,切莫当风,用以保护它的叶子不因风而吹裂。竹宜粉壁,横斜素影,宛如画幅。而书带草则起补白作用,无处不宜,这些绿的资源,实在太普遍了。

到中秋节了,月华如水,银色的光照着蕉叶,发出了神秘的幻觉,信步归来,时已三更,匆匆写了我的即景,来报答我对蕉叶的钟情。

说　兰

　　小斋内夏兰开了,竹帘上映上了几叶兰影,恬静得使人可以入定,静中有动,偶尔忆起吕贞白先生题我画兰的两句诗:"倘有幽香能入梦,人间春梦已迷离。"他见兰而赋悼,如今我正与他当年相仿佛,更觉得这诗太凄婉太感人了。兰香是世上最高雅的香,隐而不显,往往于无意中闻到,而从香中引出你绵邈的遐思,其神秘处就在这里。因此在花中我最喜欣赏它,那坚韧碧绿的修长叶子,洁白如玉的花朵,迎风婀娜的舞姿,淡逸中没有一点纤尘,品自高也,它不与寻常花朵那样,养花一年,看花十日,保养得好一次花可开半月以上不谢,持久的芬芳,悠长的情谊,对我来说是受到很大的感染。中国人爱画兰,是世界上独特的艺术,与书法一样,纯粹草绿笔墨的表现,没有书法功夫,没有从简单中寓复杂的构图,无深淡对比的能力,那就画成韭菜烧黄蜂了,得到的画面是一个乱字,如今画兰的画家逐渐少了,也许是画家在书法上用力疏忽了吧!

　　现在人们将昆剧比做兰花,喻其高雅,这一来仿佛昆剧是曲高和寡了,和兰花一样爱好者仅少数人了。其实兰花称兰草,江南山间随处多有,正如过去昆剧是一种极普通的剧种,深入民间、宫廷。兰花群众喜爱它,人们将女孩子取名叫兰芳、兰香、秀兰等等,并没有什么了不得,不过人们欣赏水平高,爱此雅致的花与剧种而已。戏剧界有句老话,叫"昆底",就是戏要演得好,必须有昆剧底子。

衍芬(陈从周)

当年梅兰芳、程砚秋、姜妙香等先辈都是演昆剧的能手,俞振飞老先生更不用说了。兰花有其普遍性,也有其高雅性,亦正如当年的昆剧一样。随着时代的流转,有些人数典忘祖了。不能不使我见了兰花絮絮叨叨说了这些,也许青年们会说我太迂了,但是历史与现实也不正是如此吗?

我们传统的住宅,在江南家家有个小天井,天井的日照半阴半阳,有适宜的湿度,盆栽兰花能安此境。早春有春兰,长夏有夏兰,入秋有秋兰,幽静的庭院,妥帖安排了几盆兰花,清香乍闻,沁人心脾,因为庭院往往是周以墙屋,宜香之不四溢,持久而弥漫。江南人爱兰花,在庭院拍曲,那是最高尚的文娱生活啊!我就是偶然在苏州这样一种境界里,从兰花爱上了昆剧。中国的文化与美学思想有其连锁性,因兰而可以涉及昆剧,昆剧之美又与园林美相通,园林又是重诗情画意的,兰花喻高尚品德,而演剧与造园亦必须寓之以德,这些有其共性,但同时又发挥了不同个性。虽然我今天仅仅说说兰花,假如引用楚辞上屈原对它的歌颂,那太多了。"余既滋兰之九畹兮,又树蕙之百亩。"用屈原的话做结束吧!

说　竹

　　苏东坡有一首咏竹诗,写的是"宁可食无肉,不可居无竹。无肉令人瘦,无竹令人俗"。这位老先生原是一位食肉的,如今西湖上酒菜馆中以"东坡肉"与"宋嫂鱼"(醋鱼)齐名的,但是在肉与竹两者处理上有矛盾时,东坡先生宁可食无肉

墨竹(陈从周)

了,那几竿清逸的修竹,在他的居处却不可缺少的呢。东坡先生之所以成为东坡先生,他不肯轻易抛去雅趣。

最近日本征求一个住宅竞赛的方案,提出要能见到四季皆有的突出的景观,不少师生问"盲"于我。在一些人的心目中院子中有四季名花,不是很容易解决吗? 我说这似乎太容易与简单,园林贵深,立意在曲,要给欣赏者能耐想、耐看。因此说到了竹,人们以为竹是无花的常绿植物,哪有四季可言,但是这是直觉,没有经过思想,也没有细致观察与欣赏,更谈不到竹与环境及四时光影变化等等,似太简单化了。日本人与我国古代人最爱竹,入宅、入园、入画、入文、入诗,真可说是雅极了。春天雨后新笋,新篁得意,"新笋已成堂下竹,落花都入燕巢泥"。是何等的光荣呢? 如果在竹边加上几块石笋作为象征性的笋,一真一假,更是引

留园揖峰轩内
竹送秋声到小窗。

人遐思了。夏日翠竹成林,略点湖石万竿烟雨,宛如米家山水小品。秋来清风满院,摇翠鸣玉,其下衬以黄石一二,益显苍老,而色彩对比尤觉清新。及冬雪压柔枝,落地有声,我们如果用白色的宣石安排其下,则更多荒寒之意。我们知道庭园中栽竹,总不离粉墙,粉墙竹影,无异画本。随着四季日照投影不同,而画本日日在变,万物静观,自得其中。至于竹本身的荣枯,亦非四季雷同也。谁说竹是简单的植物呢? 而画家之笔,诗人之句,真是道出竹的品格与无处不宜人的风姿了。

友人李正工程师,他在无锡惠山下设计了一个杜鹃园,博得了中外好评,我题了"醉红坡"三字以宠之。可惜杜鹃花时似乎太短暂了一点,我觉美中不足。我早说过"园以景胜,景因园异",我建议不妨再搞一个别具一格的竹影园,遍青山无处无"此君"(竹又名此君),楼、廊、亭、阁、匾对以至用具皆以竹出之,惠山竹炉煮泉,韵事流传,引为佳话,亦可赓续,予旅游者平添情趣。想来还有几分构思吧! 我希望能早日实现,拭目以待也。